权威·前沿·原创

皮书系列为
“十二五”国家重点图书出版规划项目

测绘地理信息蓝皮书

BLUE BOOK OF
CHINA'S SURVEYING & MAPPING &
GEOINFORMATION

测绘地理信息转型升级研究报告（2014）

REPORT ON THE TRANSFORMATION AND UPGRADING OF SURVEYING, MAPPING AND GEOINFORMATION (2014)

主　　编／库热西·买合苏提
副 主 编／王春峰　张辉峰
执行主编／徐永清

社会科学文献出版社
SOCIAL SCIENCES ACADEMIC PRESS (CHINA)

图书在版编目(CIP)数据

测绘地理信息转型升级研究报告. 2014/库热西·买合苏提主编. —北京：社会科学文献出版社，2014. 12
（测绘地理信息蓝皮书）
ISBN 978-7-5097-6897-6

Ⅰ. ①测… Ⅱ. ①库… Ⅲ. ①测绘-地理信息系统-升级-研究报告-中国-2014 Ⅳ. ①P208

中国版本图书馆CIP数据核字（2014）第289468号

测绘地理信息蓝皮书
测绘地理信息转型升级研究报告（2014）

主　　编／库热西·买合苏提
副 主 编／王春峰　张辉峰
执行主编／徐永清

出 版 人／谢寿光
项目统筹／王　绯
责任编辑／李　响

出　　版／社会科学文献出版社·社会政法分社（010）59367156
地址：北京市北三环中路甲29号院华龙大厦　邮编：100029
网址：www. ssap. com. cn
发　　行／市场营销中心（010）59367081　59367090
读者服务中心（010）59367028
印　　装／北京鹏润伟业印刷有限公司

规　　格／开 本：787mm×1092mm　1/16
印 张：17　字 数：276千字
版　　次／2014年12月第1版　2014年12月第1次印刷
书　　号／ISBN 978-7-5097-6897-6
定　　价／98.00元

皮书序列号／B-2009-123

测绘地理信息蓝皮书编委会

摘 要

为使社会各界全面了解测绘地理信息转型升级状况，国家测绘地理信息局测绘发展研究中心组织编辑、出版了测绘地理信息蓝皮书之《测绘地理信息转型升级研究报告（2014）》一书。本书由国家测绘地理信息局局长库热西·买合苏提主编，是社会科学文献出版社皮书系列之“测绘地理信息蓝皮书”的第六本，以测绘地理信息转型升级为主题，邀请有关领导、专家和企业家撰文，对近年来测绘地理信息转型升级状况进行系统和深入分析。

本书包括前言、主报告和专题报告三部分。前言介绍了我国测绘地理信息事业发展的成效以及所面临的形势，提出了加快实现测绘地理信息事业转型升级的方向和重点任务。

主报告介绍了新形势下测绘地理信息工作转型升级的背景与挑战，提出测绘地理信息工作转型升级的主要趋势，重点分析了基础测绘、地理国情监测、地理信息产业、统一监管等多个领域的发展现状、面临形势和转型升级方向。

专题报告由综合篇、体制机制篇、地理国情监测篇、应用服务篇和科技篇组成，从不同方面和角度介绍了测绘地理信息转型升级工作近年来取得的成绩。

关键词： 测绘　地理信息　转型升级　现状

Abstract

In order to comprehensively review the transformation and upgrading condition of surveying, mapping and geoinformation in China, the Development Research Centre of Surveying and Mapping of the National Administration of Surveying, Mapping and Geoinformation edited this blue book report on the transfromation and upgrading of surveying, mapping and geoinformation. The book is the sixth one of the *Blue Book of China's Surveying & Mapping & Geoinformation* series by Social Sciences Academic Press. Kurexi Maihesuti, the director of the National Administration of Surveying, Mapping and Geoinformation, is the chief editor of this book. Officials, experts and entrepreneurs were invited to write analytical articles on the recent developments, achievements and problems in the transfromation and upgrading of surveying, mapping and geoinformation in China.

The book includes preface, general report and special reports. The preface summarizes the achievements of surveying, mapping and geoinformation industry's development. It also introduces the situation faced by the industry. The orientation and key task of speeding up the transformation and upgrading of surveying, mapping and geoinformation industry are proposed.

The general report introduces the background of and the challenges to the transformation and upgrading of surveying, mapping and geoinformation under the new situation. It also puts forward the main trend of the transformation and upgrading of surveying, mapping and geoinformation. Development status, situation and the orientation of transformation and upgrading in multiple areas are analyzed, including basic surveying and mapping, geograhpic condition monitoring, geoinformation industry and unified supervision.

Special reports consist of general section, organization and mechanism section, national geographic condition monitoring section, application and service section, and science and technology section. These reports illustrates the status of the transformation and upgrading of surveying, mapping and geoinformation in recent years from different aspects and sights.

Keywords: Surveying and Mapping; Geoinformation; Transformation and Upgrading; Status

目录

BⅣ 地理国情监测篇

BⅤ 应用服务篇

BⅥ 科技篇

皮书数据库阅读使用指南

CONTENTS

B III Organization and Mechanism

B IV National Geographic Condition Monitoring

B V Application and Service

B Ⅵ Science and Technology

前言

抓住机遇　深化改革　全面推进测绘地理信息事业转型升级

库热西·买合苏提*

党的十八大以来，我国改革发展面临着新的形势和新的任务，对测绘地理信息工作也提出了新的要求。今后一个时期，测绘地理信息事业要在现有良好发展的基础之上，坚决贯彻落实党中央、国务院的决策部署，紧紧围绕国家改革发展大局，全面深化各项改革，加快实现转型升级，更好地为经济社会发展提供测绘地理信息服务保障。

测绘地理信息事业取得长足发展

近年来，测绘地理信息工作快速健康发展，在地理国情普查、基础测绘、测绘成果应用、地理信息产业发展、测绘统一监管等方面都取得了可喜的成绩。

地理国情普查顺利推进。2013 年初，国务院决定启动第一次全国地理国情普查工作，全面查清我国陆地国土范围内自然和人文地理要素的现状以及空间分布情况，科学揭示资源、生态、环境、人口、经济、社会等要素在地理空间上的相互作用和影响的内在关系。目前，普查工作进展顺利，已完成约 60% 的工作。与此同时，取得了国土空间开发、生态环境保护、自然资源管理等方面的地理国情监测试点成果。

---

* 库热西·买合苏提，国土资源部副部长、党组成员，国家测绘地理信息局局长、党组书记。

基础测绘建设成果丰硕。国家现代测绘基准体系基础设施建设一期工程推进顺利。国家1∶25万、1∶5万基础地理信息覆盖了全部陆地国土，并实现年度更新，1∶1万基础地理信息覆盖陆地国土约50%，1∶2000基础地理信息基本覆盖了全国城镇地区。数字城市建设全面展开，地级市已累计立项324个，开发应用系统3000余个，智慧城市建设试点正积极推进。

测绘公共服务广泛深入。积极保障国家重大战略和重大工程实施，为各级党委政府科学管理决策提供了及时、准确、丰富的测绘地理信息服务。国家地理信息公共服务平台“天地图”开通4年来，在政府管理决策、带动产业发展、提高百姓生活质量、维护国家安全等方面发挥了重要作用。在云南鲁甸地震等应急救灾中发挥了关键作用，得到各方面充分肯定。

地理信息产业发展态势良好。《国务院办公厅关于促进地理信息产业发展的意见》和《国家地理信息产业发展规划（2014～2020年）》先后印发，地理信息产业被确立为国家战略性新兴产业，产业发展环境不断向好。地理信息服务与各类生活服务融合发展势头迅猛，新产品、新服务不断涌现，产业连续几年保持了超过20%的高速增长，发展前景美好。

测绘地理信息统一监管成效显著。以《测绘法》为核心的测绘地理信息法律体系基本形成，测绘地理信息统一监管体制机制基本建立。地理信息安全监管手段不断创新，测绘地理信息市场信用评估、质量监督等方面的管理制度基本健全。不断加强行政执法队伍建设，加大对违法违规测绘行为的查处打击力度。积极开展国家版图意识宣传教育活动，有力提升了公民的国家版图意识。

上述成绩的取得，为测绘地理信息事业转型升级奠定了良好基础。

测绘地理信息事业转型升级势在必行

当前，全面建成小康社会进入决定性阶段，机遇与挑战并存。一方面，国家改革发展大局要求测绘地理信息事业必须转型升级，以更好满足经济社会发展需要；另一方面，测绘地理信息事业自身也迫切需要深化改革，破除阻碍发展的体制机制障碍，加快实现跨越发展。

党的十八大报告指出，深化改革是加快转变经济发展方式的关键。习近平总书记强调，中国将坚持改革开放不动摇，牢牢把握转变经济发展方式这条主线，不断推进社会主义现代化建设。李克强总理指出，中国经济已经到了只有转型升级才能持续发展的关键阶段，要着眼转型升级，调整优化结构。张高丽副总理明确要求，测绘地理信息部门要以第一次全国地理国情普查为契机，进一步转变职能，改进工作作风，提高服务水平，加快转变发展方式。党的十八届三中全会确立的加快生态文明制度建设、加快转变政府职能等重大部署，为测绘地理信息事业转型升级提出了要求，指明了方向。

当前，国际社会高度重视测绘地理信息的战略地位，发达国家凭借先发优势、技术优势、资本优势，正加快抢夺全球地理信息市场，不仅使我国地理信息产业格局更为复杂，也给我国国家安全和信息安全带来现实威胁。随着全社会信息化水平的提高，地理信息生产与服务门槛不断降低，地理信息产业已步入核心要素重新分配、生产关系加快调整的阶段，加快推进地理信息产业结构调整和转型升级，成为抢占发展制高点的必然选择。

我国测绘地理信息事业在不断取得成绩的同时，各方面的矛盾和问题也逐渐显现，如基础测绘建设与需求对接不够，全球资源获取能力有限；基础地理信息资源利用程度不高，应用的深度和广度不够；地理信息企业自主创新能力不强、核心技术掌握不足、国际竞争力不强；政府与市场之间的关系未能完全理顺、高效衔接；一些法规政策标准已经不适应事业发展的需要；等等。加快转型升级是促进测绘地理信息事业持续健康发展的内在要求。

加快推进测绘地理信息事业转型升级

转型，是指事物的结构形态、运转模式的根本性转变；升级，是在原有等级上有所提升。转型的目的是为了升级。测绘地理信息事业转型升级，就是要实现事业向更高阶段的转变、提升。今后一个时期，测绘地理信息事业要围绕“全力做好测绘地理信息服务保障、大力促进地理信息产业发展、尽责维护国家地理信息安全”的战略定位，按照中央全面深化改革的战略部署，加快实施“构建智慧中国、监测地理国情、壮大地信产业、建设测绘强国”的总体战略，全面深化测绘地理信息领域的各项改革，加快推进管理模式、事业布局、产业结构、服务方式、技术体系等的转型升级。

地理国情监测，是拓展测绘地理信息事业发展空间的重要途径，要全力以赴推进。一要按时优质高效完成第一次地理国情普查工作。精心组织，周密设计，科学实施，注重质量，圆满完成普查任务；坚持“边普查、边应用”，促进普查成果及时转化与广泛应用，实现普查成果的效益最大化和最优化。二要做好地理国情监测顶层设计。按照美丽中国建设、生态文明建设的部署和需求，做好地理国情监测总体规划设计。三要推进地理国情监测法定化。积极推进地理国情监测“进法律”、“进职责”、“进规划”、“进预算”，促进地理国情监测常态化开展。

基础测绘建设，要实现从“供给导向”向“需求导向”的转型，加快构建新型基础测绘体系。一要深化基础测绘体制机制改革。统筹全国基础测绘力量，进一步理顺基础测绘分级管理的职责权限；加强军地测绘融合发展，科学划定职责分工；健全基础测绘项目招投标制度，更多依靠社会力量开展基础测绘建设。二要着力提升基础地理信息资源供给能力。扩大数据覆盖，加快数据更新，丰富数据内容，实现基础地理信息资源由地上向地下、由陆地向海洋、由国内向国外、由静态向动态、由有限要素向全要素、由定期更新向适时动态更新的战略拓展。三要提升基础测绘的生产能力。加快发展系列测绘卫星，促进技术装备更新换代，形成“空天地海一体化”的现代化测绘基础设施；对基础测绘生产工艺流程进行信息化改造，显著提升生产能力和效率。

测绘地理信息公共服务，要实现从提供数据向提供综合服务的转型。一要大力丰富测绘地理信息公共产品和服务内容。加快公众版测绘地理信息产品研发，加强现代化测绘基准服务，进一步健全应急测绘地理信息保障服务机制。二要创新地理信息分发服务模式。发挥好“天地图”作为政府公益性服务基础平台的作用，将其打造成为国家信息化建设的基础平台，促进地理信息服务从传统的面对面、点对点向网络化云服务转型升级。三要处理好测绘地理信息成果保密与应用的关系。加强测绘地理信息科学定密与安全评估工作，争取在

政策和技术两个层面取得突破。

测绘地理信息统一监管，要按照全面推进依法治国的要求，坚持科学立法、依法行政、严格执法。一要坚持立法先行。发挥立法引领和推动作用，推动测绘地理信息法律法规的立改废释并举，配合有关部门加快《测绘法》修订，制定完善地图管理、地理国情监测等相关配套法规。测绘地理信息相关改革必须符合法治要求，做到于法有据，实现立法与改革决策相衔接、相促进。二要切实简政放权。减少简化审批环节，把政府职能转变到加强战略、规划、政策、标准等的制定实施，强化对市场活动的监管，以及提高公共服务能力上来。三要加强市场监管。坚持宽进严管，把统一监管的着力点从“重事前审批”向“重事中、事后监管”转变。四要强化地理信息安全监管。完善多级联动、部门协作的网上地理信息安全监管机制，打造地理信息安全监管一体化平台，全面提高安全监管能力，维护国家安全。

地理信息产业，要加强对产业的引导和扶持，推动产业加快转型升级。一要为产业发展营造良好环境。充分发挥市场在资源配置中的决定性作用，加大政府购买公共服务的力度；规范市场秩序，建立公平开放透明的市场规则。二要推动产业扩大规模。完善地理信息资质管理制度，对产业发展重点领域实行适度宽松的准入政策；支持企业通过并购、参股等方式进入地理信息产业；鼓励地理信息企业兼并重组。三要推动地理信息企业提高核心竞争力。通过多种方式，引导创新资源向企业集聚；鼓励建立企业主导的技术创新联盟，提升企业的科技创新能力。

测绘地理信息事业的转型升级，对人才队伍、科技创新都提出了更高要求。首先，要优化人才队伍布局。按照国家关于事业单位分类改革的总体部署，对测绘地理信息事业单位的布局、功能和规模进行优化调整，理顺职责关系，减少职能交叉和重复，形成科学、高效、协调、完备的测绘地理信息队伍格局。其次，要加快科技创新升级步伐。紧紧抓住新一轮科技革命和产业变革带来的重大机遇，持续推进基础性、前沿性技术研究和技术研发；加强对各类科研投入的统筹，集中优势，形成合力，争取重大突破。

在测绘地理信息事业深化改革、转型升级的关键时期，我们编辑出版这本《测绘地理信息蓝皮书》之《中国测绘地理信息转型升级研究报告（2014）》，期望通过反映我国测绘地理信息事业近年来转型升级的探索和实践，进一步明确转型升级的方向与重点任务，为推动测绘地理信息事业持续、健康、快速发展提供有益的参考。

2014 年 11 月

主 报 告

General Report

测绘地理信息转型升级研究报告

徐永清 乔朝飞 刘 利 阮于洲 宁镇亚*

摘 要：

本文分析了新形势下测绘地理信息工作转型升级的背景与挑战；提出测绘地理信息工作转型升级的主要趋势；重点分析了基础测绘、地理国情监测、地理信息产业、测绘地理信息事业单位、测绘地理信息统一监管、测绘地理信息科技、测绘地理信息公共服务等领域的发展现状、面临形势和转型升级方向。

关键词：

测绘地理信息 转型升级 地理国情监测 基础测绘 地理信息产业

* 徐永清，国家测绘地理信息局测绘发展研究中心副主任，高级记者；乔朝飞，国家测绘地理信息局测绘发展研究中心，副研究员；刘利，国家测绘地理信息局测绘发展研究中心，副研究员；阮于洲，国家测绘地理信息局测绘发展研究中心，副研究员；宁镇亚，国家测绘地理信息局测绘发展研究中心，副研究员。

中国经济社会发展的关键词之一是“转型升级”，这同样是测绘地理信息行业面临的重大课题。

中国测绘地理信息行业，目前国家已经明确为生产性服务业和高新技术产业，地理信息产业是国家的战略性新兴产业，这不仅是对全行业的明确定位与精准分类，更意味着全行业的转型升级迫在眉睫、刻不容缓。

党的十八届三中全会吹响了全面深化改革的号角。十八届三中全会提出的加快转变经济发展方式、加快转变政府职能、加快生态文明建设、建设美丽中国、加强自然资源资产管理等重大举措，一方面，为测绘地理信息提升保障服务能力，提供了聚集能量、彰显价值的广阔舞台；另一方面，也对我国测绘地理信息行业转型升级、调整结构，对测绘地理信息工作转变政府职能、发挥市场在资源配置中的决定性作用、改变服务模式、提升队伍素质等，提出了明确、紧迫和严格的要求。

国家测绘地理信息局新近确定的“构建智慧中国、监测地理国情，壮大地信产业，建设测绘强国”发展总体战略，为全行业转型升级提出了明确的方向。国家测绘地理信息局最近印发全面深化改革的实施意见，提出了改革的总体思路、主要任务和保障措施。

测绘地理信息的转型升级，是一次新形势下的全行业结构优化。正如国务院总理李克强反复强调的，要着眼转型升级，调整优化结构。扩大内需是最大的结构调整，促进城乡和区域协调发展是主要任务，实现工业化、信息化、新型城镇化和农业现代化是基本途径，发展服务业是重要的战略支撑。（李克强：《在 2013 夏季达沃斯论坛开幕式上的致辞》）在 2013 年 8 月 19 日召开的第一次全国地理国情普查电视电话会议上，中共中央政治局常委、国务院副总理张高丽发表讲话，明确要求测绘地理信息部门要以这次普查为契机，进一步转变职能，改进工作作风，全面推动测绘地理信息工作转型升级，进一步提升服务我国经济社会发展大局的能力和水平。

近年来，我国测绘地理信息围绕国民经济、社会发展的总体布局和中心任务，勇于改革、勇于创新、勇于进取，实现了新的跨越、新的创新、新的发展。随着各领域改革的不断深入，测绘地理信息工作与政府管理决策、企业生产运营、人民群众生活的联系更加紧密，各方面对地理信息服务保障的需求更

加旺盛，测绘地理信息发展更加直接地融入经济社会发展主战场。

我国测绘地理信息工作转型升级，要以地理信息服务和体制机制改革为重点，即从传统的测绘技术条件下的数据生产型测绘，转型升级到信息服务型测绘地理信息；从计划经济时代沿袭的传统测绘体制，转型升级到适应社会主义市场经济的测绘地理信息体制机制。

延续多年的传统测绘，以基础测绘为主要生产任务，以地形图等为主要产品，这种生产模式的主要问题是远离市场，与各类用户的实际需求相脱节，因而往往使得生产出来的大量数据无人问津，处于闲置、封闭状态，造成不必要的隐性损失。历史的回顾和现实的情势，都在昭示转型无可回避，升级势在必行。

从数据生产为主，转变到信息服务为主，将把测绘地理信息工作重心转移到用户需求和科技创新上来，从而极大地解放我国测绘地理信息的生产力。

从沿袭计划经济的体制机制，转型到适应市场经济的体制机制，我国测绘地理信息行业将主要依靠市场导向，全面实现产业化，从而科学、有效地调整我国测绘地理信息行业的生产关系。

上述两个方面的转型升级，互为犄角，缺一不可，协调促进，共生共荣。

推动我国测绘地理信息转型升级，首要任务是调整测绘地理信息的产业结构，延展测绘地理信息的产业链，拓展测绘地理信息的服务内容。

推动我国测绘地理信息转型升级，科技创新至关重要。科技的迅速进步，使得测绘地理信息服务水平大大提升。当前测绘地理信息行业的科技手段与应用日新月异，早已从传统的测量制图，演变为包括全球卫星定位系统、空间航空遥感、地理信息系统、信息和网络、通信等多种科技手段的空间地理信息科学，近年来更与移动互联网、云计算、大数据、物联网、人工智能等高新技术紧密融合。

推动我国测绘地理信息转型升级，重点是开展多种多样的测绘地理信息保障与服务，提升服务能力，丰富服务内容，拓展服务领域，改善服务水平。

在公益性测绘地理信息保障服务方面，要以地理国情监测为突破口，在生态建设、环境保护、新型城镇化、城乡规划、国土资源、抢险救灾应急保障等方面提供充分的地理信息服务。

在市场化的测绘地理信息服务方面，要依托地理信息产业，以企业为中心，在互联网地图、智慧城市、旅游、道路导航等方面提供准确、及时、有效的地理信息服务。

我国测绘地理信息行业，正进一步加快转变发展方式，全面深化改革，转换政府职能，大力发展产业，提高服务保障能力，提升科技创新水平，培养锻炼人才队伍，再奏改革曲，再唱奋斗歌，再上新台阶，再创新天地。

新的形势下，测绘地理信息工作要站在全国大局的高度，以优质、适时的保障服务，更好地满足经济社会发展的需求，迎难而上，百折不挠，与时俱进谋划转型之路，奋力打造中国测绘地理信息事业科学发展的“升级版”。

一　背景与挑战

（一）地理国情监测兴起

2009年，国家测绘地理信息局提出开展地理国情监测，以更好地反映我国各类地理环境要素的分布与关系。特别是党的十八大以来，测绘地理信息部门开始集中力量探索、实践地理国情监测这一新的发展战略。地理国情监测，顺应新时期国家和经济、社会发展以及生态建设对测绘地理信息工作的新的需求，成为测绘地理信息行业引人瞩目的新的发展领域。

开展地理国情监测，是制定国家和区域发展战略与发展规划、调整经济结构、转变经济发展方式、推动经济社会科学发展的前提。

开展地理国情监测，特别是在生态、土地、资源、自然灾害、新型城镇化建设等方面，全面、准确、及时地掌握地理国情的精确数据、实际情况和变化趋势，提出科学的研判与分析，为决策提供基础信息和咨询服务。

开展地理国情监测，也是我国测绘地理信息工作扩展业务范围，提升服务能力和水平的绝好机遇。目前我国正在全国范围开展第一次全国地理国情普查，时间是2013~2015年。按照国务院决定的要求，通过这次普查，要全面摸清我国地理国情的现状，掌握经济社会发展和生态文明建设在地理国情方面的需要。

（二）产业核心要素重新分配

20世纪90年代以来，我国地理信息产业保持高速发展态势。“十二五”以来，产业服务总值年增长率30%左右。截至2013年底，企业达2万多家，从业人员超过40万人，年产值近2600亿元。

地理信息产业开始发生裂变式的变革，互联网和移动互联网正在成为地理信息产业的主战场，新技术、新服务、新应用纷至沓来，信息产业大鳄动用大额资本收购或参股电子地图厂商，互联网搜索和电子商务提供商、通信服务提供商、汽车厂商等纷纷涉足遥感应用、导航定位和位置服务等地理信息产业领域。

随着信息社会的来临，地理信息生产与服务去专业化趋势明显，也引发了地理信息产业核心要素的重新分配、生产关系的重构和利益格局的调整，地理信息产业在迎来良好发展机遇的同时，也受到了很大的冲击和挑战。形势的发展，要求地理信息产业跟上互联网时代的发展节奏，契合互联网时代的发展方式，加快推进产业结构调整和转型升级。

国务院办公厅在2014年初印发了《关于促进地理信息产业发展的意见》，确定地理信息产业为战略性新兴产业。国家发展改革委和国家测绘地理信息局2014年7月联合印发了《国家地理信息产业发展规划（2014～2020年）》。上述意见和规划的印发，对地理信息产业发展意义重大，必将推动产业加快发展。

（三）科技加快进步升级

党的十八大报告提出实施创新驱动发展战略。科技是驱动测绘地理信息事业发展的不竭动力。在“科技兴测”战略的指引下，测绘地理信息科技取得了长足进步。当前，国际社会高度重视测绘地理信息的战略地位，世界各国纷纷加强地理信息资源建设，加快卫星导航定位、高分辨率遥感卫星等技术的进步升级，推动云计算、物联网、移动互联、大数据等高新技术与测绘地理信息的深度融合，抢占未来发展的制高点。发达国家更是凭借先发优势、技术优势、资本优势，正加快抢夺全球地理信息服务市场，这也给我国国家安全带来了现实威胁。

测绘地理信息行业的转型升级，必须继续把科技创新摆在核心位置，紧紧抓住新一轮科技革命和产业变革带来的重大机遇，大幅提升创新能力，特别是自主创新能力，成为测绘地理信息领域“新的竞赛规则的重要制定者、新的竞赛场地的重要主导者”。

（四）发挥市场的决定性作用，加强市场监管

当前，我国测绘地理信息行业正处于转型升级的关键节点，生产关系不适应生产力的矛盾和问题也逐步显现。按照党的十八届三中全会的要求，要充分发挥市场在资源配置中的决定性作用。处理、协调好政府和市场的关系，发挥市场在资源配置中的决定性作用，同时加强市场监管，强化地理信息安全，成为测绘地理信息行政管理体制改革与转型升级的重要任务。

要按照国家关于行政审批制度改革的要求，简政放权，着力转变政府职能。从我国测绘地理信息行业的实际出发，切实减少简化审批环节，继续减少、下放一批行政审批事项。行政管理部门逐步退出具体的生产、服务事务，把精力放到政策制定实施和对市场的监管上来，放权给事业单位、中介组织、企业，发挥市场的调节作用。

基础测绘和地理国情监测要引入竞争机制。加大政府购买公共服务力度，吸引更多的企业和社会力量参与。非涉密公共服务一般应向社会力量购买，不宜交由市场承担的公共服务也要逐步引入内部竞争机制。

在发挥好市场作用的同时，也要发挥好政府的作用。加强市场监管。建立健全权责明确、公平公正、透明高效、法制保障的市场监管格局。坚持宽进严管，把统一监管的着力点从“重事前审批”向“重事中、事后监管”转变；坚持疏管并重、放管结合，建立守信激励和失信惩戒机制，放活不放任，放权不放责，把该管的坚决管住、管好。

要大力繁荣地理信息产业。制定鼓励企业健康发展的政策、措施，推进公平、有序的地理信息市场体系建设，促进产业要素依法自由流动，鼓励大型地理信息企业生长。

（五）面临的挑战

一是重新定位服务方式。在传统产业发生深刻变化，大数据、云计算、物联网等新一代信息技术和智能服务日新月异的形势下，特别是生态文明、美丽中国建设和自然资源资产管理等方面的变革，要求测绘地理信息重新定位服务方式，提升服务能力，延伸服务领域，催生新的服务业态。

二是体制机制的挑战。转型升级是庞大、复杂的系统工程，涉及体制机制、管理方式、技术手段、生产模式、人才队伍和服务对象等多个方面。必须结合经济社会发展实际，以全面深化改革为动力，以转型升级为方向，在战略定位上提出思路，在体制机制上搭建平台。

二　转型升级的主要趋势

（一）测绘地理信息结构调整

党的十八大和十八届三中全会，提出了全面建成小康社会的宏伟目标和全面深化改革的紧迫任务。也对测绘地理信息工作提出了全新要求。

我国测绘地理信息行业的发展理念、功能定位正在发生深刻变化，集中体现在结构调整上。

从单一的基础测绘转型到开展多种保障服务，从数据生产为主转型到地理信息打包服务，从事业单位独占天下转型到民营地理信息企业群雄并起，从地图和数据库产品为主转型到导航定位、互联网地图引领风骚。结构调整集中体现现代信息科技发展趋势对测绘地理信息转型发展的要求，突出了测绘地理信息服务的市场导向和产业属性。

（二）从计划生产转型到按需测绘

多年来，我国测绘生产以传统的基础测绘为主，产品按计划生产，地理要素偏少，品种比较单一，生产周期漫长，应用不够广泛，不能充分满足高速发展的经济、社会的各种需求。

测绘地理信息转型发展的一个大趋势，就是从计划生产转型到按需测绘。

按需测绘，首先在测绘地理信息公共服务领域，满足各部门、各领域最普遍、最基础的测绘地理信息保障服务需求，实现从以计划生产为中心向以用户为中心的转变。

与此同时，加快测绘地理信息的产业化，以市场的需求为中心，以服务用户为目标，根据经济社会发展和人民生活的实际需要，来调整、牵引测绘地理信息的创新、生产和服务，实现产品和需求的对接，服务和市场的呼应，厂商和用户的互动，使测绘地理信息产品在市场经济的汪洋大海中如鱼得水，全面提升测绘地理信息保障服务的总体水平。

（三）从静态测绘转型到动态服务

当前我国城乡工业化、城镇化、信息化快速发展，相应的地表自然和人文地理信息快速变化，在世界上也名列前茅。科学布局、统筹规划，合理利用国土发展空间，有效推进重大工程建设，动态的地理信息至关重要。而传统测绘的工作方式，按照一定的时间周期，静态的、照相式的、较为缓慢的测绘、生产、更新地形图，这种生产模式，很难适应快速发展、变化多端的生产需求。

随着现代航天定位卫星技术、信息技术和通信技术的迅速发展，航空、航天、地面相结合的立体式快速地理信息获取手段已经成熟，从静态测绘向动态测绘服务转型的技术条件已经具备。

因此，测绘地理信息的按需测绘，势必成为全行业主流的生产、服务模式。

所谓动态服务，就是强调测绘地理信息服务的及时性、有效性，根据用户的要求，做到地理信息的随时观测、随时获取、随时加工生产、随时投入应用。

（四）从单一数据生产转变到多功能信息分析

可以预期，在开展地理国情监测的带动下，测绘地理信息地理生产、服务的功能拓展，在一定的时期内，将集中体现在由过去的单一数据生产转变到多功能的地理信息分析上。

所谓地理信息分析，是指在客观、真实、准确的观测、获取数据的基础上，根据各个专业领域的不同要求，运用地理信息相关数据和成果，对相关领域的状况与动态，进行分析、演算、评估，提出判断、评价和建议，从而使抽象、静止的地理信息数据，转变为直接为各个专业领域提供信息咨询服务。

由此，测绘地理信息的学科结构，也将从测绘学科融汇交叉到地理学、信息学乃至经济学、社会学、管理学等学科。

（五）体制机制改革势在必行

体制机制的改革，对测绘地理信息行业而言，是一个说来沉重的话题。

毋庸讳言，测绘地理信息还存在政事不分、政企不分的弊端，形成一些体制性障碍。

说沉重，因为测绘地理信息行政管理体制尚待健全。省一级的测绘地理信息管理机构，模式多样，有不少省、自治区、直辖市的测绘管理部门，还是事业单位性质。在地级市和县这两级，测绘管理部门普遍存在“三不落实”：职能不落实、编制不落实、人员不落实。

说沉重，还因为中国的测绘地理信息行业背负着传统体制机制的包袱，体制机制性障碍有待消除，改革任重道远。在这个行业里，除去近年来新兴的地理信息企业，还有为数不少的从事测绘生产的测绘事业单位。这些单位在改革浪潮的激荡下，也开始发生了不少变化。但总的说来，面对事业单位分类改革，测绘事业单位还面临不少难题甚至困境，不少生产经营型的事业单位拿到的事业经费不敷需要，很大部分经费要从市场上创收。还有一些老资格的单位，离退休人员占了总人数的一半以上，拨来的退休费不够用，需要单位补贴，负担甚重。

改革体制、机制，调整组织机构，构建顺畅高效的运行机制，是转型升级深入开展的必然结果。

必须以中央深化改革的方略为指导，加强各级测绘地理信息行政管理部门合作；必须全行业参与改革，上下联动，协作配合；必须做好事业单位分类改革；必须充分利用企业的力量，发挥市场的作用。

（六）全面升级测绘地理信息科技

测绘地理信息科技水平必须全面升级。

一是升级全方位获取地理信息的科技水平，以发射测绘卫星组网为核心，建立起包括空天地海多层次的智能地理信息传感网。

二是升级快速处理、分析地理信息的科技水平，实时、快速处理地理信息数据，迅速发掘、深入分析地理信息。

三是升级关键技术的攻关水平。测绘地理信息转型升级，对科学技术的保障服务要求也有明显的行业特点，主要体现在对遥感综合监测技术、内外业一体化调查技术、多源数据融合与处理技术、遥感信息提取与解译技术、地理要素变化检测技术、地理统计与分析技术等方面。

四是提升装备水平。测绘地理信息基础设施和装备亦面临全面升级的迫切需要。要着力构建以现代化装备设施为核心的信息化测绘体系，加快推动测绘地理信息技术体系尽快由数字化向信息化转型升级。重点在于加强以数据获取实时化、处理自动化、服务网络化、产品知识化、应用社会化为主要特征的信息化测绘体系建设。其中包括建设由高分辨率光学立体测图卫星、干涉雷达卫星、激光测高卫星、重力卫星等组成的，具有长期稳定运行能力的对地观测系统，增强高分辨率遥感卫星影像获取的自主性和时效性。加强云计算、物联网、移动互联网等高新技术在测绘地理信息上的应用，提升地理国情信息处理、分析、提供速度、效率和能力等。

（七）培养适应转型升级的复合型人才

测绘地理信息转型升级，需要测绘、地理、信息、资源、环境、生态、水利、人文、经济、统计、规划、管理等多专业、多领域的优秀人才来共同完成。人才问题已成为转型升级的瓶颈。

目前我国测绘地理信息系统从业人员知识面相对较窄，专业单调，生产事业单位中测绘相关专业占70%左右，与转型升级的实际需要有较大差距。要通过开展多层次的业务培训、并引进相关技术人才等措施来对人才结构进行调整，培养所需的综合性优秀人才。同时相关高校要调整专业的学科和课

程设置，培养适应转型升级的复合型人才，逐渐形成新型测绘地理信息队伍。

三 基础测绘的转型升级

基础测绘是立业之基。自1997年实行基础测绘分级管理、分级投入以来，在国家和地方测绘地理信息主管部门的共同努力下，基础测绘建设取得显著成绩。随着经济社会发展大环境的巨变，以及测绘地理信息事业进入全面深化改革的关键阶段，基础测绘的转型升级就显得尤为重要。

（一）基础测绘发展现状

“十五”以来，测绘地理信息部门坚持以科学发展观为指导，坚定不移地走构建智慧中国、丰富地理信息资源的道路，不断解放思想、开拓创新，推动基础测绘工作取得重大突破，使我国基础地理信息资源建设步入世界先进行列。

1. 基础测绘发展环境优化

《国务院关于加强测绘工作的意见》《全国基础测绘中长期规划纲要》《基础测绘条例》等文件的印发，有力引导了基础测绘的协调、可持续发展。

2. 重大工程加快基础测绘发展

把重大项目实施作为加快基础测绘发展的重要着力点。通过实施资源三号测绘卫星、海岛（礁）测绘、西部1∶5万地形图空白区测绘和数据更新、现代测绘基准体系基础设施建设一期工程等重大项目，大幅提升了基础测绘的保障服务能力，全方位地加快了基础测绘的发展。

3. 基础测绘专项成效显著

“边少地区”专项极大改善了边远地区、少数民族地区的基础测绘工作，经济效益和社会效益不断显现。新农村测绘保障服务成效显著，缓解了全国农村地区测绘成果短缺与更新缓慢的问题。边界测绘和极地测绘保障有力，为维护和争取国家利益作出了贡献。

4. 基础测绘存在的突出问题

总的来看，存在两方面主要问题：一是基础地理信息资源覆盖不全、现势性不强、要素比较单一，迫切需要建立以需求为导向的基础地理信息生产机制；二是基础测绘管理体制和运行机制不够顺畅，统筹协调和资源共享的力度欠缺，技术装备和基础设施建设相对落后。

（二）基础测绘转型迫在眉睫

1. 推进生态文明建设的需要

十八届三中全会明确提出，大力推进生态文明建设，努力建设美丽中国。基础地理信息既是“四化”同步发展的重要基础，又是全面推进五位一体建设的重要支撑。随着优化国土空间开放格局、加强污染治理、加快生态文明制度建设等工作的开展，基础地理信息在生态文明建设中的基础先行、辅助决策作用愈加明显，生态文明建设对基础地理信息的需求将更加旺盛。

2. 实现测绘强国战略目标的必然选择

2011 年，李克强总理视察中国测绘创新基地并发表重要讲话，为测绘地理信息发展指明了新的方向。当前，基础测绘为宏观经济管理、公共服务、社会治理以及解决全球性问题等提供服务的能力仍旧不强，利用基础地理信息谋求国家发展和安全利益的能力依然薄弱。要实现测绘强国这一长远的战略目标，必须夯实基础测绘这一战略基础。

3. 测绘地理信息全面深化改革的重要内容

总的来看，测绘地理信息领域改革诸多问题都与基础测绘的组织管理密切相关。基础测绘不转变，其他方面的改革就难以推动。只有让基础测绘转型升级这个重要内容顺利运转起来，才能把全面深化改革的大棋局盘活、走好。

（三）基础测绘转型升级的主要任务

针对基础测绘工作中存在的问题，必须改革自身的工作方式、方法，依靠体制机制的创新，才能牢牢把握住国家战略性信息资源的主动权。

1. 调整基础测绘的定义和内容

坚持需求决定生产的导向，调整基础测绘的定义和内容，加快构建新型基

础地理信息数据体系。一是扩大基础测绘工作范围。将基础测绘的工作范畴从地表逐步扩大到近地表陆地国土、海洋国土乃至全球范围，推进基础地理信息资源由地上向地下、陆地向海洋、近海向远海、国内向全球的战略拓展。二是丰富基础测绘工作内容。逐步将城市地下管线、城市三维立体模型、数字城市以及政区地图（集）等基础性、公益性测绘活动纳入基础测绘范畴。三是扩充基础地理信息要素。以地理国情普查为契机，拓展地下管线、地名地址、不动产测绘以及生态、环境、资源等方面的地理要素，增强基础地理信息资源的实用性和适用性。

2. 加快基础地理信息资源的更新

不断提高基础地理信息的现势性和鲜活度。一是完善层级联动更新机制。加快建立以大尺度基础地理数据更新小尺度基础地理数据的工艺流程、标准规范和技术模式，形成市县级、省级、国家级基础地理数据库的纵向联动更新机制。二是实现基础地理数据库的动态更新。探索基于要素或基于地理实体的作业手段，利用实地测绘、影像判读、规划和竣工测绘、网络上传和志愿者信息等多种途径和方式，实现由全要素定期更新向分要素适时动态更新转变。三是以部门地理信息共享加快数据更新。进一步健全并利用好部门间的地理信息交换和共享机制，使用有关部门掌握的权威地理信息数据来加快基础地理信息的更新。

3. 加强基础测绘生产能力建设

重视基础测绘装备设施建设和更新换代，加快对基础测绘生产工艺流程的信息化改造，显著提升基础测绘数据获取、处理、管理、服务的能力和效率。一是加强基础测绘装备建设。加快构建“空天地海一体化”的地理信息数据获取装备设施，大幅提升在全球范围的地理信息获取能力。加快基础设施的更新换代，构建云计算模式下的数据处理、管理和服务平台，提升基础地理信息数据自动化处理、网络化管理和服务的能力。二是提升基础测绘生产的信息化水平。推进基础生产工艺流程的优化改造，开展装备设施、人力资源、资料数据等生产要素资源库和相应的应用系统建设，建成网络化、流程化、智能化的基础测绘生产管理信息平台，实现生产全过程业务流程信息化。

4. 创新基础测绘的管理模式

创新基础测绘管理模式，加快测绘地理信息部门从生产者向组织协调者、信息整合者转变。一是逐步调整基础测绘分级管理模式。打破现有的国家、省级基础测绘分级投入机制，建立省级基础测绘由国家和省级财政共同投入的机制，并逐步扩大中央财政的投入比例。在条件成熟时，可以将中央和地方共同投入基础测绘的模式延伸至市级基础测绘。二是加快测绘地理信息部门角色转变。一方面要强化与其他部门的业务协作，深化军民融合，推进政府部门基础地理信息共享和整合；另一方面要发挥市场在基础测绘中的作用，建立健全基础测绘项目招投标制度，更多依靠社会力量开展基础地理信息资源建设。

四　地理国情监测的引领

（一）地理国情监测的当前进展

自2009年测绘地理信息战略研究确立了地理国情监测这一重要战略方向后，测绘地理信息部门积极作为，地理国情监测工作稳步推进。

1. 第一次地理国情普查顺利推进

截至2014年6月，全国各省（区、市）累计落实普查经费54.2亿元。行业资料收集进展顺利，陆续向国务院17个部委发函进行协调，除个别部门还在协调外，多数部委的资料收集基本完成。启用了地理国情普查项目管理系统，实现了国家和省（区、市）普查管理信息化，方便各级人员及时掌握普查动态。

截至2014年5月底，全国高分辨率正射影像图生产约800万平方千米，完成进度约83%；内业解译及工作地图制作约490.19万平方千米，完成进度约51%；外业调绘核查约428.22万平方千米，完成进度约44%。

2. 试点工作取得初步成效

2011年起，在陕西、黑龙江、四川、浙江等省及国家基础地理信息中心等单位先后开展了地理国情监测试点，形成了首批地理国情监测成果，在组织保障、资源整合、技术方法及工作流程等方面为全国大规模开展地理国情监测

工作提供了借鉴。

各地测绘地理信息部门在国土空间开发格局监测、生态环境保护、区域发展规划实施监测、城镇化监测、海洋监测、地质灾害监测等方面开展了大量工作。2014 年，为进一步摸索和总结经验，国家局下达了一批地理国情监测试点任务，包括：京津冀地区的生态环境监测、青海三江源国家生态保护综合试验区生态环境监测、青海湖流域湖泊面积和草地变化监测、省会城市空间扩展监测、区域总体发展规划实施监测试验、沙地变化监测试验、板块运动与区域地壳稳定性监测、海南岛沿海地表覆盖变化监测等。

（二）地理国情监测的引领作用

地理国情监测是现阶段技术发展潮流下测绘地理信息工作的发展方向和趋势，也是提高测绘地理信息服务能力和服务水平的必然要求。确定地理国情监测这一新的未来发展方向，是国家测绘地理信息局着眼于服务大局、服务社会、服务民生，站在科学发展的高度，审时度势，作出的一项战略选择。地理国情监测的开展，将发挥强大的引领作用，必然会推动测绘地理信息行业实现变革，将给行业带来巨大的挑战和机遇。

一是技术的转型升级。地理国情监测需要一系列技术支撑和能力提升，包括地理信息一体化实时获取技术、基于云计算的空间运行系统建设、遥感数据的科学分类和分析解译技术、海量数据信息挖掘技术方法等。

二是生产方式的转型。地理国情监测要求生产业务链和生产环节的变化，生产不再局限于按图幅、按比例尺生产，而是按需求、按地理单元或按更新频率灵活组织生产。

三是服务的转型。地理国情监测的开展将推动测绘工作从静态测绘服务向地理国情动态分析、从被动提供向主动服务、从后台服务向前台服务、从单一基础地理信息数据向多类型地理国情数据的转变。服务范围更加广泛，更加有针对性，更加个性化。

四是管理模式的转型。测绘地理信息管理模式将从封闭走向开放，从单纯的技术管理向综合管理转变，从单一部门和行业的管理向地理国情监测管理与服务转变。

五是人才队伍的转型。地理国情监测是一个跨越测绘学、跨专业的新工作，需要尽快培养一批地理国情的综合统计分析人才。

五　地理信息产业的转型升级

地理信息产业的转型升级是指通过政策、金融等多种措施，通过实施内部外部多种手段，促进地理信息产业结构和组织更加合理，增强地理信息的增值能力，更大程度地激发地理信息企业的活力，提升地理信息产业的竞争力，推动地理信息产业更好地满足经济社会需求，促进地理信息产业更大幅度地跨越式发展。

（一）地理信息产业转型升级面临的形势

1. 国家正大力促进产业转型升级

当前，国内经济结构性矛盾突出，传统发展模式面临诸多调整，促进科技创新和转变经济发展方式迫在眉睫，面对这一形势，国家提出调整经济发展方式、大力促进产业转型升级。2010 年 10 月，国务院发布了《关于加快培育和发展战略性新型产业的决定》。2012 年，党的十八大报告在优化产业结构的主要任务中再次提出推动战略性新兴产业、先进制造业健康发展。

2. 新技术变革与应用推动转型升级

当前，对地观测技术、卫星导航技术、大数据技术、物联网技术、移动互联技术等的发展正在对地理信息产品、市场、服务等产生巨大影响。对地观测技术的发展，拓展了地理信息获取对象的范围。卫星导航定位技术的发展，使得导航定位终端的功能越来越强大。大数据技术的兴起，为海量地理数据的存储、处理、开发利用等提供了新的视角和商机。IT 技术和物联网的快速发展，使得基于位置的应用逐步向智能化、个性化、娱乐化发展。高新技术的融合发展，极大提升了地理信息获取自动化和应用的智能化水平，正不断推动着地理信息产业的跨越式发展。

3. 应对问题和挑战亟须转型升级

我国地理信息产业发展存在核心技术创新不足，企业规模小、竞争力不

强、同质化现象严重，产业结构不平衡等诸多问题，如何最大限度地激发企业活力，提升产业竞争力，是解决这些问题的关键。我国从事增值服务、需要应用创新的网络地理信息服务的企业相对较少，要加强地理信息获取和增值服务等产业链薄弱环节，就要加强地理信息核心技术研发，加强产品创新、应用创新和商务创新，实现产业的转型发展。此外，国际国内 IT 企业不断涉足地理信息服务市场，对传统地理信息企业的生存和发展形成了一定冲击，面对跨越式发展的需求，亟须地理信息产业从发展理念、技术、产品到服务等多方面进行转型升级。

4. 产业融合迫切要求转型升级

传统产业转型升级亟须地理信息产业转型。十八大报告提出加快传统产业转型升级，要坚持利用信息技术和先进适用技术改造传统产业。地理信息技术是信息化建设的关键技术之一，对于改造传统产业生产流程、提高产业科技含量、提升产业信息化建设水平具有重要作用。

物联网、大数据等新兴产业的发展也亟须地理信息产业转型升级。地理信息技术的发展不断催生新的商务模式和新的服务产品，地理信息与新兴产业加速融合发展的时代已经到来，对地理信息产业转型发展提出巨大需求，推动其不断优化升级。

（二）地理信息产业发展转型升级的相关举措

1. 加强制度建设

不断加强测绘地理信息科技管理制度创新，推动地理信息技术发展转型升级。创新测绘地理信息科技项目管理制度，完善科技创新投入、评价、知识产权保护等方面的管理制度，形成科研与需求对接、生产与科研相连的良性互动协作机制。进一步建立和完善地理信息市场管理相关政策，规范、引导市场健康有序发展。不断健全招投标制度，建立地理信息咨询服务制度，制定实施遥感数据使用和国产卫星遥感数据出口服务政策，完善、推广地理信息工程监理制度，加快建立地理信息资源知识产权保护制度等。积极推动各地出台地理信息产业发展规划，促进点面共同发展。各个地区应在国家地理信息产业发展规划总体思路的指导下，结合本地区经济发展的需求和特色、地理信息产业链布局的优势与短板，制定符合本地区情况的地理信息产业发展规划。

2. 促进地理信息核心技术创新

促进关键地理信息技术创新是产业转型升级的关键。加强无缝导航和定位技术研究，实现室内外无缝、高精度、高可用性的空间定位。开发倾斜摄影测量、机载雷达激光等新型传感器，提高地理信息实时化获取技术水平。开展多源遥感数据的高性能计算和自动处理研究，加强云计算、大数据、虚拟现实等新技术的应用研究。掌握海量地理信息的存储和在线主动服务、多元时空网络地理信息系统、区域地理信息共享等技术，提升地理信息的网络化管理与主动服务能力，满足移动互联时代的需求。加强高端地理信息仪器装备研制，提高地理信息产业先进装备的掌控力，以支持产业发展转型升级的需求。

3. 调整产业结构及布局

针对地理信息产业转型升级的实际需求，要确定其各环节的发展优势，增大产业链上游及下游的比重，加快调整产业链结构。产业链上游，要加快构建、提升天空地一体化、多平台数据自主获取体系。产业链下游，要不断研发地理信息服务的新技术，大力发展地理信息与导航定位融合服务，开拓地理信息服务应用新领域。

在产业发展布局上，要充分利用地区优势、功能定位以及区域经济、科技发展水平和人力资源地理信息资源的丰富程度等多种因素，逐步建立分工合理、各具特点、优势互补、协调发展的地理信息产业空间布局。以重点城市或省份为依托，逐渐形成各具特色、互有优势的地理信息产业集群。同时积极推动地理信息企业“走出去”进行全球布局，提高我国地理信息产业的国际地位及影响力。

4. 加强产业基础设施建设和服务

进一步加大地理信息资源建设及服务力度。建立国家和省级地理信息资源快速联动更新的工作机制和生产技术体系，实现国家和省级地理信息资源联动更新规模化和常态化。不断推动政府与企业建立资源共享互建机制，打造地理信息共享平台。加强产业发展相关设施装备建设。加快推进与“北斗”系统兼容的卫星导航连续运行基准站网络建设与改造。构建基于云计算的多元对地观测数据处理平台。加强地理信息装备建设，不断推进传统地面装备的升级换代，大力开发新一代地面装备，推广先进测绘地理信息装备，形成较为完善的航空、地面数据获取体系，为产业发展提供支撑。

5. 培育地理信息市场

不断加快数字城市和智慧城市建设，加强地理国情普查和监测工作，进一步加强“天地图”及省市级节点建设。引导和鼓励企业兼并重组，通过资源、技术、政策、资金等方式，支持培育地理信息龙头企业，提升市场整体竞争力。注重品牌文化的引领和标杆作用，加大地理信息产业宣传力度，提高社会各阶层、各领域对地理信息应用的重要性及社会效益的认识。加强市场调研和市场分析，针对产品及服务的作用、价值、受益群体等细化地理信息市场需求，有针对性地推出满足各方需求的新型地理信息产品与服务，拓展地理信息服务业态。

6. 加强多层次人才培养

科技是第一生产力，而人才则是科技发展的主导，因此加强多层次人才培养是推动地理信息发展转型升级至关重要的环节。培养创新型、领军型核心技术人才，以提高自主创新能力及攻克核心技术为重点，努力造就一批高素质、高水平创新人才团队。培养经营型、管理型人才，有意识培养和选拔有经营潜质、战略眼光、社会责任感，善于地理信息成果转化与应用的人才，将其配备到企业的经营管理岗位中。培养紧缺型、复合型人才，培养一批既具有地理信息专业知识与技术，又具备数学、统计学、经济学、地理学等知识和数据挖掘技术、数据仓库、地理统计、空间分析、预测演化等技术的紧缺型、复合型人才，以满足产业转型升级的新需求。

六　测绘地理信息事业单位的转型升级

（一）测绘地理信息事业单位现状

目前，从整体上看，测绘生产服务组织体系在传统模拟测绘技术体系基础上完成了数字化改造，相应的机构支撑主要包括：大地测量、大地测量数据处理、地形测量、航测遥感、地理信息中心管理和服务、卫星测绘应用、测绘产品质量检验测试等。

测绘生产服务要经历数据采集、数据加工处理、数据管理、数据提供使用的工作流程，贯穿传统测绘生产服务的主线是大地、航测、制图、出版这条主线。相应的机构支撑是大地测量队、地形测量队、航空遥感院和出版社等。

在由模拟测绘向数字化测绘过渡的过程中，测绘生产组织体系并没有发生太大的变化，仅仅是根据数字化测绘特点作了微调，例如，合并组建了国家基础地理信息中心等，新建了卫星中心、质量检验测试中心等。

（二）面临的形势

事业机构作为沉淀现代化测绘地理信息生产服务能力、承担具体生产服务任务的实体，其当前面临的工作任务和技术体系已然发生深刻变化。

在工作任务方面，地理国情监测成为测绘地理信息事业发展的战略方向，是今后测绘地理信息工作的重要主题。有必要推进测绘生产事业单位优化布局调整，形成适应地理国情监测需要的测绘地理信息生产服务组织体系。

在技术体系方面，随着由传统模拟测绘技术体系向数字化测绘技术体系的跨越全面实现，进一步实现以数据获取实时化、处理自动化、服务网络化、应用社会化为主要特征的信息化测绘技术体系成为发展方向。

目前，信息化测绘体系建设已经取得积极进展，改造既有测绘地理信息生产服务体系，使之充分体现和适应新时期测绘地理信息生产技术体系的特点成为迫切要求。

（三）转型升级的目标、路径

测绘地理信息工作承担着维护国家主权、信息安全和公益性的测绘地理信息公共服务需要，根据《中华人民共和国测绘法》关于测绘公共服务的使命，这些具体任务大量是由测绘地理信息事业单位承担的。

因此，测绘地理信息事业单位转型升级，一是要充分体现信息化测绘的要求。信息化测绘的实质是地理信息数据获取实时化、处理自动化、服务网络化、应用社会化，以及获取、处理、服务、应用等各生产服务环节之间基于网络的高度协同。对事业机构布局进行调整，就要充分考虑上述技术及应用要

求，做好顶层设计，不但要保证事业机构覆盖信息化测绘条件下生产服务的每一环节，而且要保证整个事业机构运转流畅、高效，使技术进步形成的生产能力得到最充分释放。

二是着眼于有效完成公共服务任务。新时期测绘地理信息的工作内容发生了较大变化，一些工作消失了，同时又增加了另外一些新的工作。新技术的广泛应用正在导致一些传统测量任务的萎缩，同时又新产生新型测绘任务，过去承担传统测量任务的队伍面临转型压力。推进地理国情监测，又必须考虑设立相应的机构。新事业机构布局应充分考虑执行新任务的需要。

推进测绘地理信息事业单位转型升级，不应只是局部的修修补补，而是遵循中央关于事业单位分类改革的总体思路，根据需求变化和技术进步进行设计，明确目标与路径。

强化地理信息数据获取机构。新形势下数据获取环节应该包括卫星遥感数据获取、航空摄影数据获取、地面测量数据获取、测绘基准体系管理维护等。为保证完成上述任务，应当强化、卫星测绘应用、航空遥感、测绘基准管理等相关机构建设。

整合地理信息数据处理机构。相应的事业机构所要完成的任务主要包括对卫星遥感数据、航空影像、地面测绘数据进行标准化处理，应当具备对多源地理信息数据进行集成应用处理的能力。从目前相关工作实践来看，在航测遥感机构的基础上组建较为适宜。

充实地理信息数据管理机构。相应的机构职能设置等应当依据其承担的任务而定，建议在各级基础地理信息管理机构的基础上组建。

增加地理国情监测机构。其主要职能包括开展基础地理信息数据的分析研究和知识挖掘，对重大战略的实施情况和实施效果进行监测和评估，从地理空间角度对经济现象、社会现象等开展研究等。

拓展地理信息服务机构。代表政府部门履行测绘地理信息公共服务职能，主要包括：维护并提供“天地图”服务，继续提供传统基本比例尺地图和基础地理信息数据服务，提供测绘基准信息服务以及地理国情监测和信息服务等。

健全地理信息质量保证机构。进一步加强质量管理的技术水平，不断提高

质量管理的智能化水平和可靠程度。

建立应急测绘专门机构。主要职责包括应急测绘保障的具体组织管理，组织拟定国家应急测绘保障预案，根据突发公共事件的实际情况快速制定应急测绘保障实施方案，快速获取和处理灾情地理信息，建设和维护国家公共应急地理信息平台，开展基于地理信息的灾情评估，开展实地救灾和灾后重建测绘工作等。

将以市场任务为主的生产经营型测绘地理信息事业单位，脱钩转制为企业，在此基础上，在全国范围组建几家地理信息企业集团。

七　统一监管的转型升级

（一）统一监管的现状与形势

近年来，我国测绘地理信息统一监管取得了显著成效。已逐步建立健全地理信息安全保密法规政策，地理信息安全监管制度不断完善，体制机制进一步理顺。互联网地图安全监管技术研发力度加大，推出了互联网地理信息安全监管软件，加强行政执法队伍建设，建立了多部门多级联动的监管工作联系机制，依托相关部门的职责强化统一监管，定期开展联合执法和地理信息安全监管。完善了测绘地理信息市场准入和退出管理相关制度，建立了测绘地理信息市场的信用评估、招投标、资产评估、咨询服务、工程监理、质量监督检验等管理制度。

但是，应该看到，地理信息安全监管和市场监管的法规政策、技术水平相对滞后，我国测绘地理信息上位法没有明确安全监管的相关内容，部分涉密测绘地理信息生产和使用单位保密意识不强，非法获取、提供和买卖涉密测绘地理信息的案件时有发生。测绘成果质量问题较多，市场失信行为依然存在，统一规范、竞争有序、诚信和谐的市场环境有待完善。

当前，随着地理信息技术和网络技术的快速发展，新型地理信息服务业态不断出现，测绘地理信息的采集方式、表现形式、传播途径更为多样，测绘地理信息安全监管的对象和内容发生巨大变化，使安全监管的广度和难度进一步

增大。同时，我国地理信息市场不断繁荣，规模、企业、产品、用户不断增加，地理信息企业不断涌现，规模不断壮大。监管对象和范围的扩大，对地理信息市场监管提出了更高的要求。

（二）监管转型升级的相关举措

1. 转变监管理念

维护国家地理信息安全，加强测绘地理信息统一监管，规范测绘地理信息市场秩序，维护国家主权、安全和利益，是党和国家赋予测绘地理信息工作的重要职责。《中共中央关于全面深化改革若干重大问题的决定》提出创新行政管理方式，建设法治政府和服务型政府。测绘地理信息部门应转变监管理念，改变思维方式，从被动监管向主动监管转变，充分利用资源更加有效地提供地理信息公共产品、服务，强化市场统一监管，实现从管理行政向服务行政的转变。

2. 转变政府职能

按照国家关于行政审批制度改革的要求，地理信息行政主管部门以政府职能转变为核心，切实做到简政放权，减少简化审批程序，放权给市场，由地理信息市场决定资源配置。政府把职能转变到加强发展战略、规划、政策、标准等的制定实施和强化对市场活动的监管和公共服务提供上，增强政府公信力和执行力。为促进地理信息产业又好又快健康发展，中介服务机构应起到地理信息企业与政府之间的桥梁与纽带作用，充分发挥中国测绘地理信息学会、中国地理信息产业协会、中国卫星导航定位协会等中介机构在促进地理信息产业发展中的作用。

3. 加强制度建设

加强测绘地理信息安全监管制度建设，明确测绘地理信息行政主管部门对地理信息安全监管的职责的执法权力。修订上位法，增加相应的地理信息安全监管内容和条款。制定、修改地理信息安全管理、使用、存储等的法规制度，不断夯实法制基础，形成完善的地理信息安全监管体系。建立健全地理信息产业链的各环节监管相关规章制度，完善地理信息市场准入、招投标、工程监理、产品价格等方面的制度建设。进一步健全地理信息市场信用体系，及时发布测绘市场主体的资质与信用信息，形成全国联网、动态更新的资质和信用管理体系。改革质量监管模式，实现统一监管的着力点从“重事前审批”向“重事中、事后监管”转变。

4. 完善体制机制

加强各级测绘地理信息行政管理部门的统筹协调，做到职能强化、权责清晰，推进国家、省、市、县四级行政管理机构的形成，提升测绘地理信息部门管理效能。国务院办公厅《关于促进地理信息产业发展的意见》明确提出，各相关部门要按照统一、协调、有效的原则，做好地理信息规划统筹、公共服务、市场监管、标准建设、安全管理等工作。加强联合执法监督检查，通过定期巡查与不定期巡查相结合、重点区域和一般区域相结合、专项检查和日常检查相结合，建立多部门密切配合、齐抓共管的协作工作机制，将联合执法常态化。完善多级联动、部门协作的网上地理信息安全监管机制，打造地理信息安全监管一体化平台，并争取纳入国家公共安全体系，全面提高地理信息安全监管能力。

5. 加强监管信息化建设

测绘地理信息监管信息化是新形势下的必然趋势，将有力提高监管水平。涉密测绘成果的安全监管亟须加强信息化建设，开展远程监管关键技术研究，实现相关测绘成果、生产过程的全程监管，一旦违法操作，及时固化证据、追查泄密情况。加快推进互联网监管平台的建设，提升监管软件的抓取能力，实现更加自动化、智能化的判读审核体系，形成以国家测绘地理信息局为节点的全国信息化监管网络体系。提升地理信息传播保护能力，推广数字水印技术等在地理信息数据安全保护方面的应用。

八　测绘地理信息科技的转型升级

（一）测绘地理信息科技发展现状

科技决定能力，测绘地理信息业务高新技术密集，其生产力的提升很大程度上取决于科技发展水平。目前国家测绘地理信息局重点实验室和工程技术研

究中心有17个。研究领域从传统的大地测量、摄影测量与遥感、工程测量和测试计量拓展到地理信息工程、对地观测、海岛（礁）测绘、环境与灾害监测等，基本覆盖了测绘、矿产、海洋、环境与灾害监测等领域。国家测绘工程技术研究中心于2009年正式组建。这些创新平台基本构成了国家测绘地理信息局科技创新的主体。

目前，现有创新体系越来越难以适应形式的发展变化，计划色彩相当浓厚，本应服务于科技创新的计划管理体制实际上影响了创新项目的选择和创新方向的把握。创新主体错位，主要依赖国有的测绘科研院所、企事业单位，由于这些单位缺乏足够的激励，以及缺乏用创造的新技术去打开创新后的市场的动力，导致测绘地理信息科技创新效率不高。而本应作为创新主体的地理信息企业大多创新能力有限，还没有进入大规模科技创新阶段，没有深层次参与到国家测绘地理信息科技创新体系当中。产学研结合不够紧密，科研和生产单位之间缺乏有效的沟通和交流机制，科研单位的诸多成果无法有效转化为现实生产力；生产单位缺乏资金投入以及有效的技术、政策支持，其现实需求难以通过自主创新满足。加快测绘地理信息科技创新，提升对事业发展的科技支撑能力，需要全面深化测绘地理信息科技创新体制机制改革，破解制约测绘地理信息科技创新的各种体制、机制障碍。

（二）科技转型升级面临的形势

测绘地理信息领域高新技术密集，相对于以往，目前测绘地理信息的发展越来越依赖于科技的进步。因此，加快测绘地理信息科技创新是测绘地理信息发展的重要推动力量，是建设科技强国的迫切需要。正因为如此，国家将空间科学、地球科学等科技领域列为抢占未来科技竞争制高点的重大科学技术加以推进。这就需要密切关注物联网、云计算、新一代网络技术等高新技术对测绘地理信息带来的影响，注重推动这些高新技术在测绘地理信息生产服务中的具体应用。要注重发挥企业在测绘地理信息科技创新中的作用，按照国家要求促进测绘地理信息科技资源高效配置和综合集成，引导和支持创新要素向企业集聚，加大对企业技术创新的支持力度。要与国家科技创新的关注点相契合，大力提升测绘地理信息装备制造业，加强重大测绘地理信息技术装备研发和产业化，推动装备产品智能化，提升测绘地理信息技术装备的自主保障能力。

（三）科技转型升级的方向

立足测绘地理信息科技创新现状，面向事业发展现实需求，测绘地理信息科技创新应向综合化、通用化、社会化、协同化方向发展。

综合化即综合考虑支撑基础测绘、地理国情监测、应急测绘等各类测绘地理信息业务开展的实际需要，围绕形成信息化测绘体系对“全、快、深、广”四种技术能力的特殊要求，针对现有测绘地理信息技术创新体系中的薄弱环节，加强对事业发展具有重要推动作用的地理信息快速获取、自动化处理、网络化服务、社会化应用等方面共性关键技术的攻关，在前沿技术领域获得新的突破，形成拥有自主知识产权的科技成果，显著提高地理信息获取、处理和服务的能力和效率。

通用化即充分利用通用性高新技术成果。充分利用云计算、物联网、移动互联网、大数据等高新技术发展成果，推动测绘地理信息技术与这些高新技术融合发展。这就要推进物联网在测绘地理信息领域的应用，为丰富和拓展地理信息获取渠道打好基础。加强云技术计算在测绘地理信息领域的应用研究，突破基于云的地理信息数据存储、管理、虚拟化、安全等技术问题。开展虚拟现实技术在地理信息分析、表达中的应用。结合现代信息技术的发展趋势，还应开展大数据技术、智慧城市、移动互联等新技术的应用工作。

社会化即强化企业在科技创新中的主体地位。充分发挥企业位居经济生活前沿，对技术创新感受最直接、最深刻，追求创新的压力和自觉性也最强的特点，激励和引导企业成为地理信息研究开发投入的主体、技术创新活动的主体和创新成果应用的主体，形成更多具有自主知识产权的核心技术，进一步发挥企业在技术创新中的主体作用。测绘地理信息公益性行业科研专项也要充分反映企业、产业发展的技术需求，项目申报、评审要更多地吸纳企业参与。

协同化即加快建立产学研协同创新机制。协同创新作为一种开放式的创新模式，能充分调动企业、大学、科研院所等各类创新主体的积极性和创造性，是加快创新链各环节之间的技术融合与扩散的重要保障，也是提高产业竞争力

的重要着力点。加强政策引导，促进产学研的合作以及共性关键技术的研发，加快推进协同创新体系建设。推进测绘地理信息科技资源的共享，针对不同类型科技条件资源的特点，采用灵活多样的共享模式。围绕地理信息产业链建立创新战略联盟，明确政府、企业、科研院所和高等院校等的利益范围与责任边界，设定风险分担和利益分配机制。

九　公共服务的转型升级

测绘地理信息工作在国家改革发展大局中的三大定位之一是全力做好测绘地理信息服务保障，其重要内容就是强化测绘地理信息公共服务和公益性保障。

（一）公共服务现状

紧密围绕党和国家中心工作，始终坚持服务大局、服务社会、服务民生的宗旨，不断增强服务意识，加强制度建设，创新服务方式，提供了坚实的测绘地理信息保障。

1. 公共服务制度基本健全

不断规范测绘地理信息的提供使用，陆续出台了《基础测绘成果提供使用管理暂行办法》《基础测绘成果应急提供办法》《国家涉密基础测绘成果资料提供使用审批程序规定》等规定，制定了《公开地图内容表示若干规定》《公开地图内容表示补充规定（试行）》《遥感影像公开使用管理规定》等政策。

2. 公共服务方式多种多样

在完善柜台式服务的基础上，开通了全国测绘成果目录服务系统，完成绝大部分地级市的数字城市建设，提供了测绘地理信息互联网服务，提高了测绘地理信息公共服务的网络化水平，为社会各界提供了权威、可信的测绘地理信息数据服务。大力促进地理信息产业发展，通过市场手段满足社会对测绘地理信息的个性化需求。

3. 服务科学决策

地理国情普查工作为经济社会发展大局、服务生态文明和美丽中国建设提供高效服务，提升了法治管理的能力。为电子政务建设提供了地理信息辅助支撑，促进了政府决策的科学化和空间化。测绘地理信息在重大工程中发挥了重要的先行作用，及时满足了应对自然灾害以及突发公共事件的紧急需求。

4. 服务社会民生

积极推进公众版测绘地理信息成果的开发和应用，完成了1∶25万公众版地图，开通了测绘地理信息公共服务平台，为社会公众查询、检索、应用测绘地理信息成果提供了便捷的方式。以互联网地图服务和移动位置服务为代表的地理信息服务迅速向大众领域渗透，显著提升了百姓的生活质量。

（二）进一步加强公共服务

《中共中央关于全面深化改革若干重大问题的决定》要求，加快转变政府职能，加强各类公共服务的提供。测绘地理信息公共服务相对日益增长的需求和全面深化改革的要求还有较大差距，亟待加强和提升。

1. 推动社会变革

近年来，政府在处理改善公共服务、保障公民权利、维护公平正义等问题上的治理低效，引发了公众的质疑和不满。面对基本公共服务供求矛盾导致的发展失衡、政府信任下降以及潜在的社会问题，首要任务是改变政府组织的职能和行为，大力提高公共服务的供给水平。测绘地理信息部门必须肩负起国家使命，履行好公共服务职责，推进法治政府、责任政府、阳光政府、服务政府建设，满足公众对测绘地理信息产品的诉求。

2. 履行部门职责

习近平主席的“地图之问”表明，测绘地理信息工作只有与经济社会发展紧密结合并发挥作用，才有价值和生命力。当前，改革已经进入“深水区”，体制机制上的顽瘴痼疾正在被攻克，利益固化的藩篱即将被突破，政府机构以及部门职责正在调整。测绘地理信息部门只有强抓公共服务，充分彰显测绘地理信息的作用和价值，才能抢占发展的制高点，才能在全面深化改革的潮流中充当“弄潮儿”。

3. 深化改革的需要

经济社会对公共服务旺盛的需求和供给不足之间的矛盾日趋突出，在测绘地理信息公共服务方面亦是如此。测绘地理信息领域改革的号角已经吹响，要坚持解放思想、科学发展，不断创新公共服务内容和模式，统筹公共服务与企业市场化服务的发展，推动测绘地理信息事业各领域、各方面、各环节的全面协调发展。

（三）加强公共服务的主要任务

按照党中央对于全面深化改革的要求，紧密围绕经济社会发展对公共服务的基本需求，大力发展测绘地理信息公共产品和服务，充分发挥市场在公共服务中的作用，突破测绘成果保密与社会化应用的难题，更好地满足经济社会发展的需要。

1. 充分发挥市场作用

购买公共服务是政府提供优质公共服务的新的有效方式。首先，从实际出发，准确把握公众的普遍需求，结合地理信息市场发育程度，选择在市场成熟度比较高的领域确定购买服务项目，积极有序推进。其次，要公开择优，及时向社会公开购买测绘地理信息公共服务项目、程序、标准，通过市场竞争择优选择承接购买服务的社会力量。最后，健全购买服务的绩效考评指标体系，在提高财政资金使用效益的同时，提高政府购买服务质量和效率。

2. 丰富公共产品和服务内容

要使测绘地理信息公共服务更加贴近社会生产和百姓生活。一是构建地理国情监测成果体系。采取“四进”“三步走”策略，逐步形成稳定的地理国情监测成果体系和服务模式，为政府和公众提供准确的国情信息。二是提供现代化的测绘基准服务。加强对中央、地方的卫星导航定位连续运行基准站网的统筹规划和建设，强化军地间的资源共享，形成现代化的导航与位置综合服务体系。三是促进应急测绘保障服务上新台阶。进一步理顺横向、纵向的应急测绘地理信息保障服务机制，建立社会力量参与应急测绘保障的动员机制，将测绘地理信息纳入各级政府的应急管理体系和国防动员体系。

3. 提升公共服务的现代化水平

增强测绘地理信息公共服务对现代技术条件的适应性，促进地理信息分发服务从传统的面对面、点对点向网络化云服务转型升级。一是建设测绘地理信息公共服务云。加强测绘地理信息云服务基础设施和国家地理信息数据交换中心建设，将中央、地方各级各部门的地理信息集成整合到“天地图”公共服务云平台，实现数据“所有权”和“使用权”的分离。二是加强在线地理信息的综合分析能力。充分利用测绘地理信息云平台数据，结合互联网上的各种在线数据，采用空间分析和知识挖掘等技术，提取政府、部门和社会大众需要的综合信息，增强以“事件”为索引的智能化服务能力。

4. 促进测绘成果应用的社会化

处理好测绘成果保密与应用的关系，促进测绘成果的社会化应用，最大限度地释放测绘地理信息的价值。一是完善保密的规章制度。加强测绘地理信息科学定密与安全评估工作，加快保密相关规章的修订，实现科学定密、合理定密。二是加快技术层面的突破。加强地理信息降解密、传播保护等技术的创新，提升测绘地理信息安全监管水平，研制能满足老百姓需求的公众版产品。三是加大对产业的数据支持。针对产业发展需求，研究基础数据的提供政策，鼓励企业对测绘成果进行增值开发，通过市场来加快测绘成果的社会化应用。

综　合　篇

General Section

 .2

顶层设计带动转型发展

——北京市测绘设计研究院转型发展战略研究与实践

温宗勇*

摘　要：

本文阐述了城市测绘院面临的形势和转型的背景，介绍了北京市测绘设计研究院以问题和目标为导向，开展顶层设计带动转型发展的相关实践和成效，提出了转型发展的新思路和相关建议，对测绘地理信息行业事业单位改革的方向进行了思考和探索。

关键词：

测绘　地理信息　顶层设计　转型发展

《诗经·大雅·文王》云："周虽旧邦，其命维新。"早在三千年前，不断创新、不断前进的思想就成为中国文化的基本精神。所谓转型，是指事物的结

* 温宗勇，北京市测绘设计研究院院长，高级规划师。

构形态、运转模型和人们观念的根本性转变过程。我们今天的转型工作则是主动求新求变，以适应发展的新形势、新要求的过程。

一 转型发展 因势而谋

当前，转型已经成为促进我国经济社会发展的关键。前不久，习近平总书记考察内蒙古自治区时强调："加快转变经济发展方式是大势所趋，等不得、慢不得。早转早见效，早主动。慢转，积累的问题会越多，后续发展会更加被动。"对于城市测绘单位而言，面临的外部形势在发生巨大变化，转型也成为持续发展的必由之路。

（一）转型的原因

在国家层面，测绘地理信息行业的受重视程度前所未有。温家宝、李克强、张高丽等党和国家领导人多次对测绘地理信息工作作出重要指示；国家测绘局更名为国家测绘地理信息局，强化了责任和使命；国务院办公厅《关于促进地理信息产业发展的意见》印发，首个地理信息产业规划《国家地理信息产业发展规划（2014～2020年）》发布，明确了行业的发展方向。

在首都层面，改革步伐深入推进，城市对测绘地理信息业务的需求越发旺盛。按照国家事业单位分类改革要求，北京市制定了事业单位分类改革相关意见；十八届三中全会明确了深化改革的方向，北京市各项涉及事业单位人事、财务、管理的新政新规密集出台。北京市"数字城市"的建设步入成熟发展时期，第一次地理国情普查与监测全面启动，城市管理和服务需要进一步精细化、动态化、可视化，对测绘地理信息的需求非常强劲。

在行业层面，地理信息产业蓬勃发展。目前地理信息产业从业单位超过2万家，从业人员超过40万人，产业年均增长率达25%，预计"十二五"末产业总值将达2000亿元。物联网、云计算、大数据等新兴技术兴起，北斗卫星导航系统的推广应用，"资源三号"测绘卫星的发射运行极大地扩展了地理信息服务的空间。

在新的形势下，城市测绘院发展面临着开放的外部形势与保守的思想观念

之间的矛盾，精细的信息化发展趋势与粗放的生产方式之间的矛盾，科技的快速发展与滞后的生产应用之间的矛盾，市场的瞬息万变与反应能力不强之间的矛盾，实施战略转型发展成为必然的选择。

（二）存在的问题

北京市测绘设计研究院（简称北京院）在60年前依靠“51万斤小米”起家，发展到拥有近900人的职工队伍，成为全国最大、历史最悠久的城市甲级测绘单位之一。图1为北京院职工在野外作业的情景。

图1　北京院职工野外工作情景

然而，面临复杂的经济社会形势和激烈的市场环境，北京院多年来形成的传统的生产和管理模式与新形势的需求已经不相匹配，自身“气血不足”，暴露出了找活难、干活难、回款难、分配难的“四难”问题，阻碍了发展的步伐。

一是思想观念方面：长期的平均主义，“大锅饭”模式，激励机制缺乏，干部职工人心不齐，积极性不高，凝聚力不强，全院发展后劲不足。

二是生产方式方面：偏向内向型、静态型测绘生产型模式，没有实现面向应用需求的保障服务模式，生产组织方式效率不高；数据方面重测轻管，成果

的价值没有得到充分挖掘和利用；内部经济责任制常年不变，起到了瓶颈作用，缺乏有效的绩效考核制度。

三是科技实力方面：科技创新能力不强，没有形成自主品牌和核心技术，缺少与大院水平相当的高端装备，无法满足新兴业务的需求。

四是机制人才方面：机构臃肿导致管理效率不高，个别部门岗位不明，责任不清，现有收入分配及考核机制难以起到有效的激励作用，没有实现精细化管理。人才结构不够合理，专业型、经营型、复合型、领军型的人才相对缺乏。

面对以上的四大问题，北京院积极寻求解决之路，通过解放思想，创新思维，沟通交流，集思广益，最终形成共识，提出了“文化立院、规划治院、科技强院、机制兴院”的四个顶层设计，开启了全院转型发展的新时期。

二　顶层设计　顺势而为

北京院的四个顶层设计，目标明确，重点落地实施。自 2009 年以来，通过顶层设计的具体落实，全院承担的千万元以上大型项目逐年增多，经济效益逐年稳步增长；服务政府与公众的质量逐年提高，“北京测绘”品牌影响扩大；北京测绘文化建设如火如荼，职工幸福感不断加强，转型发展的成效日渐明显。

（一）文化立院

文化能够激发队伍的凝聚力，而凝聚力是团结一致、克服困难、和谐发展的基础条件和根本保证。文化立院，一方面是提炼、打造团队自身的文化；一方面是从事文化业务，推进测绘地理信息业务转型。

在自身文化方面，为解决转型中思想观念方面存在的问题，解决近千人队伍的稳定、可持续发展问题，提升队伍凝聚力，北京院自 2009 年提出“大测绘”理念后，对其近 60 年积淀的测绘文化进行细致梳理和归纳提炼，经过自下而上、自上而下广泛征求意见，反复修改，一个代表北京测绘院和北京测绘人内在精神和生命之魂的“北京测绘核心价值体系”在 2012 年提炼成形，并通过反复宣贯，组织带动，使之体现在每位职工身上，成为北京测绘人的行为准则。在北京市规划委员会系统交流经验时，北京测绘核心价值体系引起普遍关注和认同。

北京测绘核心价值体系：大测绘理念——开放、包容、合作、共赢。“四个一流”愿景——建设国内领先的“一流人才、一流科技、一流环境、一流业绩”的科技主导型测绘地理信息强院。三个服务使命——服务规划、服务政府、服务公众。核心价值观——简单和谐的人际关系，忠诚感恩的为人准则，竞争进取的人生态度，齐心协力的团队精神。北京测绘精神——四个特别：特别能吃苦，特别能战斗，特别能奉献，特别能创新。十六字承诺——质量第一，安全至上，诚实守信，便捷高效。

在文化业务方面，北京院开展了“五个文化”建设工作，概括为“杂志”、“平台”、“网站”、“视频系列”和“机构”。

杂志——《北京人文地理》立足于“北京”，聚焦于“人文”，定位于“地理”，目前已出版了《穿越京西古道》、《人之源，城之源》、《阪泉之野，畿辅屏障》等7卷，受到了众多粉丝的追捧（如图2所示）；平台——北京历史文化地理信息系统（如图3所示），这是一项突破性工作，该系统的建设填补了国内历史文化名城保护的一项空白；网站——《北京人文地理》网站上线，提供历史地图浏览、历史文物位置分布查询等功能，进一步将其打造成为北京市人文地理信息资源的网络化发布窗口。视频系列——《北京人文地理》电视视频节目，借助中央电视台第十频道《人文地理》专栏，组织拍摄《长城长》等人文地理纪实片，展现了测绘地理信息工作在人文地理方面不可或缺的作用；机构——先后成立了北京人文地理研究院和北京市设计创新中心，承担“杂志”“平台”“网站”和“视频系列”业务的策划、开发、推动和拓展。

走文化立院的道路，北京院职工的精神文明活动得到了极大丰富，全院的凝聚力和战斗力得到了有效提升。先后圆满完成了援疆、援蒙、奥运、汶川地震、首都国庆庆典等一系列急难险重的任务，为各级客户提供便捷高效的服务，同时赢得了良好的品牌和声誉。北京院在全国测绘职业技能竞赛中屡获佳绩，2013年，武润泽同志在全国测绘系统技能竞赛中取得个人第一名的好成

图 2　北京人文地理杂志

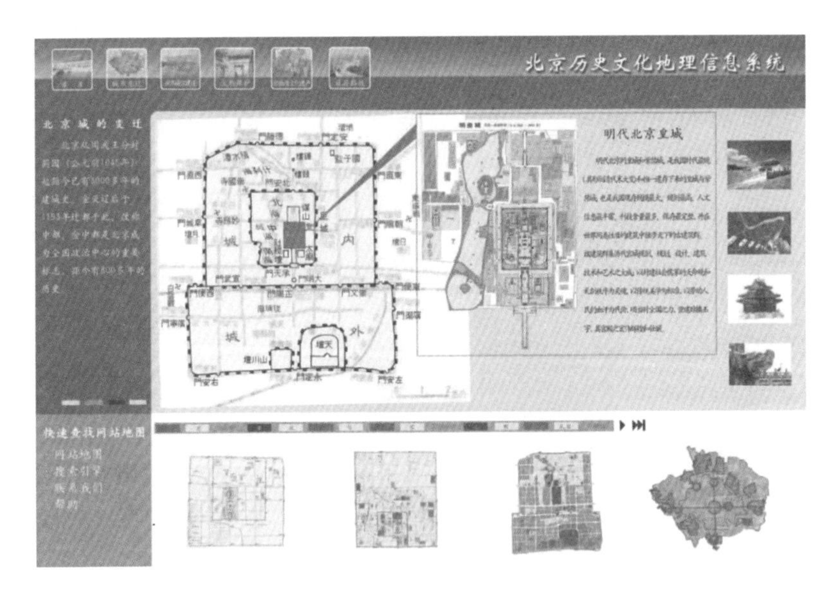

图 3　北京历史文化地理信息系统

绩，并荣获全国五一劳动奖章。院工会组织成立了摄影、篮球、羽毛球、足球、乒乓球、定向越野、太极拳、书法、文学社、合唱班等各类协会十余个，不断在北京市和测绘地理信息行业内勇创佳绩。

（二）规划治院

“十二五”期间是谋大事、促发展的黄金时期，根据国家测绘地理信息局《测绘地理信息发展“十二五”总体规划纲要》和《北京市“十二五”时期测绘地理信息发展规划》的要求，北京院历史上首次编制了自己的五年规划——《北京市测绘设计研究院“十二五”发展规划》（以下简称《规划》）。

《规划》采用开放式编制方法，广泛征求意见，收集院内外各方面的意见和建议数百条，编制过程中召开了各类会议数十次，反复研讨求得共识，最终形成了“1 + 10 + N”的《规划》结构（即：1 个院发展规划总报告，10 个分项专题规划报告，含有 N 个项目的项目库）。《规划》思路创新，方向明确，措施具体，项目丰富，得到了国家测绘地理信息局、北京市规划委员会领导以及行业专家的好评，也得到了全院职工的支持和认可。《规划》作为北京院五年发展的纲领性文件，为引领和指导测绘与地理信息工作奠定了坚实的基础。

在《规划》实施后，北京院基础测绘由城区不断向新城拓展，且范围逐渐扩大，创造了近亿元的收入。专业测绘由较为单一的工程测量向国土、轨道交通、地下管线拓展，保证了市场占有率。地理信息服务以数字西城、数字通州的成功试点为撬动点，并按照“16 + 2 = 1”（先分别建设 16 个数字区县，再建设数字中关村、数字亦庄，最后实现“智慧北京”）的框架着手向智慧城市建设转型，逐步开展了数字朝阳、数字东城、数字房山、数字中关村、数字海淀、数字丰台等项目的开发；也开展了北京历史文化信息系统、房屋全生命周期管理信息系统等大型平台的建设。在三大板块的业绩支撑下，在向《规划》目标逐步迈进的进程中，职工幸福指数不断提高。图 4 为三大业务板块转型发展示意图。

（三）科技强院

北京院在“七五”期间研制的“（DGJ）大比例尺工程图机助成图系统”，曾获得国家工程设计优秀软件三等奖，并在国内大范围推广应用，图 5 所示为（DGJ）大比例尺工程图机助成图系统鉴定会。但在此后二十余年的时间里，

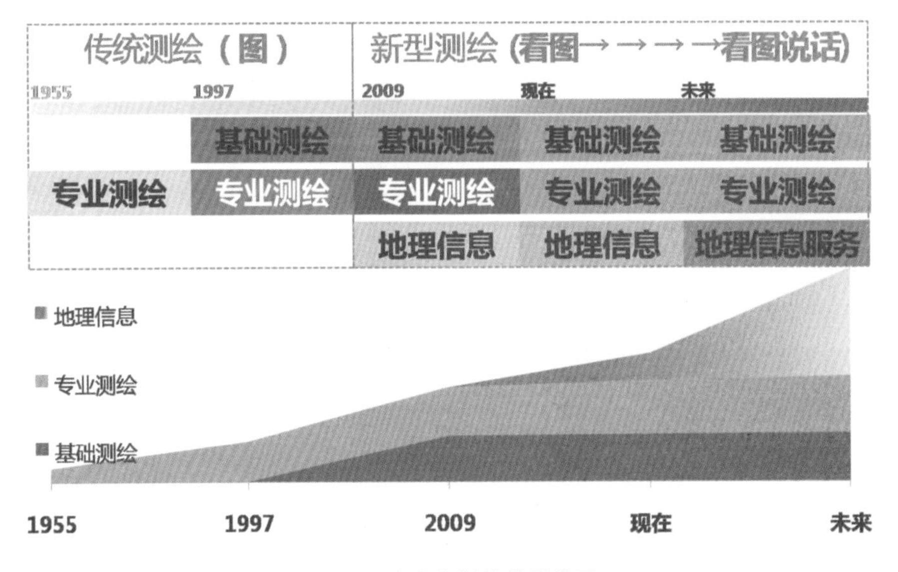

图4　三大业务板块转型发展

北京院的科技水平提升较为缓慢，科研创新实力与行业内单位相比较差距逐渐拉大。为解决自身科技创新能力不强，发展动力不足，生产效率不高，作业条件不好的问题，北京院以科技推动转型，实施科技创新“四位一体”，打造科研平台。

图5　（DGJ）大比例尺工程图机助成图系统鉴定会

以科技为驱动力打造新型基础测绘。“十一五”期间，北京市基础测绘由“2－3－4－8”（分别为1∶500、1∶2000、1∶10000平原，1∶10000山区的更新周期，以年为单位，以下同）、“1－2－4－8”的更新周期全面提升为“0.5－1－1－4”。“十二五”期间，北京院着力实施动态更新研究，加大研发力度，推进基础测绘周期更新进一步向实时更新转变，即“0－1－1－4”周期，实现1∶500地形图动态更新、主动更新，保持现势性，提升对外服务的水平和能力。

科技推动内向生产转向外向服务。传统基础测绘由基础地理空间框架和基础地理信息数据库组成，产品为DLG数字线划图、DOM数字正射影像图、DRG数字栅格图、DEM数字高程模型。新型基础测绘打造“数据航母”：实施图库一体化，通过“六分法”（分层、分区、分类、分级、分段、分工），优化数据结构，提升数据应用效率，提升数据服务水平，突出数据价值，切实增强服务保障能力，实现数据集成展示、高效管理和分发服务。对地理信息资源进行整合、规范，使现有的数据资源从“数据仓库”向“数据超市”转变。通过对数据进行分类整理、存储、建库等科学手段，建立起“资源超市”，对外提供针对性很强的服务。在各级政府、企业用户中树立“测绘地理信息数据大院”的形象，提升“北京测绘品牌”中的科技含量。

实施科技创新“四位一体”，全面提升生产过程的科技水平和信息管理与服务水平。主要内容有：数据库升级——使服务更为全面；生产流程再造——使生产更为顺畅，目标是追求“跨越式”发展，追求最大化大幅度降低成本、缩减时间、提高生产效率、提高质量，实现对测绘工作的全生命周期管理及测绘成果的统一管理和应用；内外业一体化——使测绘生产过程更为迅速，给流程再造中的生产流程优化提供了关键的技术支撑；信息化管理——使信息管理与服务更加便捷、安全，目的是通过业务流程数字化、信息集成，提供给各层次的人们洞悉、观察各类动态业务中的一切信息，以便作出有利于生产要素组合优化的决策。图6为科技创新“四位一体”推进业务转型示意图。

打造三大科技平台，为全面提升科研水平打下基础。北京市测绘设计研究院博士后科研工作站培养信息化测绘方面的高层次专业技术人才，推动科研成果的转化，目前已有一名博士后出站。城市空间信息工程北京市重点实验室开始投

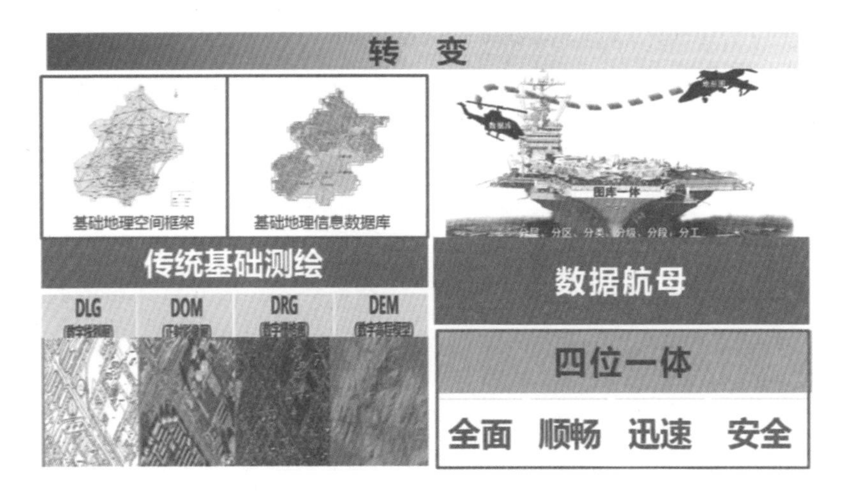

图 6　科技创新“四位一体”推进业务转型

入工作，截至目前实验室获奖项目共计 24 项，其中国家级奖 3 项，省部级奖 21 项；获得发明专利 10 项，实用新型专利 5 项，软件著作权 7 项；北京市设计创新中心投入工作，在虚拟现实和城市三维建模与应用方面取得突出成果。

（四）机制兴院

经过多年来的自然增长，北京院机构臃肿、人浮于事的问题日益突出。全院原有部门达到 31 个，其中，机关处室 19 个，生产及服务部门 12 个。在《规划》实施后，按照“保稳、激活、求新”的原则，北京院组织开展了“优化组织结构，定岗定编定责，分类绩效考核和调整内部技术岗位责任制”的机制创新“四位一体”工作。

通过压缩内设机构，院内部门实施优化重组，明确划分了基础测绘、专业测绘、信息服务三大业务板块，缩减了机关处室的数目，明确了职责定位，提高了生产和管理效率。全院机构数目减少了三分之一，其中机关处室减少到 7 个；精简干部队伍，中层干部减少了 19%，干群比由 1∶8 下降至 1∶10；干部实现年轻化，中层正职平均年轻了 5.6 岁；全院中层干部实行聘任制和任期制，设置非领导职务，推进干部能上能下；修订完善经营绩效责任制，完成了三大业务板块生产部门的经营绩效责任制的签订，实现了“分灶吃饭、放权让利、激发经营活力”；强化绩效管理的激励作用，修订部门职责和岗位职责，制定绩效考核方案并推进实施；定量和定性相结合，分类开展院属部门绩效考核，按照机关、中心、生产部门分类绩效考核；制定职工套岗套薪实施方案，广泛征求意见并修改完善，按照事业单位改革进程，推进实施。图7为北京院现有机构图。

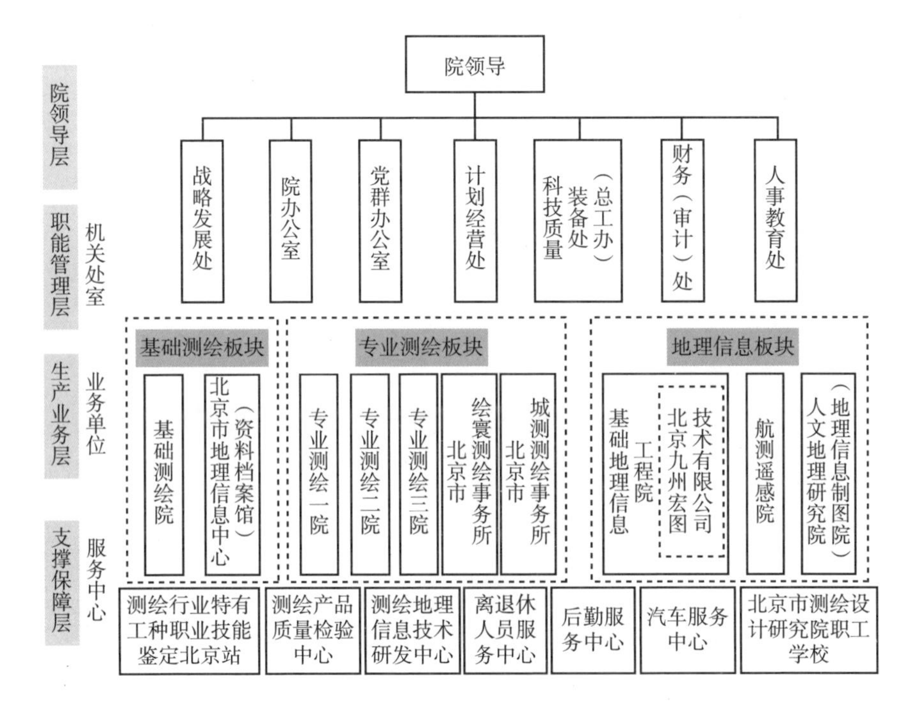

图7　北京院现有机构

总体上看，北京院实施的转型发展是一个发展思路的探索、演变、生成、实践的过程，在外部环境与形势发生变化的情况下，对自身的发展战略、经营模式和机制管理进行动态调整和创新，将旧的发展模式转变为符合当前时代要求的新模式。

三　把握方向　乘势而上

北京院在转型发展的道路上迈出了坚实的一步，四个“顶层设计”的实施取得了初步成效。面对新的形势，在保持稳定的基础上，北京院面向未来，进一步明确了工作的指导思想：“正确引导、不碰纲线、埋头苦干、思考未来。”

（一）正确引导——尊重历史　贴近群众

切实继承北京测绘人的优良传统，践行核心价值体系。全院各部门签订了公开承诺书，向全体职工承诺，在工作中践行院核心价值体系。促进院核心价值体系深入人心，并在它的指引下，不断完善管理制度和工作规则，有效强化部门协调，推动各项工作落实，持续提升全院职工的凝聚力、战斗力。

北京院创新采取“走动式”管理和“下沉式”服务模式，要求领导干部深入一线、内外业现场，参加外业工作，主动调研问题，积极解决困难，向职工宣讲院的转型发展战略，融洽干群关系，拉近干部职工距离，促进队伍团结稳定。同时发挥党工团组织的作用，组织核心价值体系“微电影”展映、“北测好声音”歌唱比赛等丰富的活动平台，创办内部刊物《北京测绘人》，搭建职工丰富的精神家园，确保在未来转型发展过程中，人心不散，队伍和谐稳定。

（二）不碰纲线——解读政策　落实精神

研究新政策。针对国家、北京市出台的各项政策，北京院认真组织研究、学习、贯彻落实，严格执行上级政策精神，坚决不碰纲线。尤其对北京市财政局发布的因公出国、外宾接待、公务接待、机关差旅、会议费、培训费等七项管理办法加强学习，做到依法依规，扎实做事。针对领导班子，强化学习，使领导班子成员能够正确认识和把握政策，正确理解行业面临的新形势、新任务、新要求，努力提高战略思维、辩证思维、创新思维、底线思维以及科学决策和驾驭全局的能力。

制定新规则。有效推动北京院内部管理流程、规章制度的制定与完善，严格监督人、事、财、物、基建等工作。在战略、安全、财务、质量、人力资源、合同、生产、科技、装备等方面梳理制定了科学可行的工作管理流程，修编发布了新的院《工作规则》、《会议规则》等工作办法。在管理制度层面坚持不断完善，有效落实，确保转型过程中不出问题、不打反复。

（三）埋头苦干——确保重点　不出偏差

抓重点项目。始终遵循“以科技促效益、以管理保质量、以服务拓市场”的原则，积极参与首都的城市规划、建设和管理。保质保量做好基础测绘工作，不断拓展新城基础测绘，扩大基础测绘覆盖范围，加快基础测绘更新周期；扎实做好北京市第一次全国地理国情普查工作，制定《普查实施方案》《普查实施细则》等文件，强化培训工作，认真完成试点工作与内外业调查，确保项目按计划进行；承担首都新机场、轨道交通、申办冬奥会测绘等国家与北京市重点工程测绘项目为院在市场上赢得了良好声誉，确保市场稳定，职工收入稳定；推进数字城市建设，注重大数据、物联网、云计算等新兴技术的应用，向“智慧北京”稳步迈进。

（四）思考未来——加强沟通　有所取舍

事业单位改革步伐越来越近，在转型过程中，北京院需要进一步关注中央、行业、北京市的改革动向，通过分析国内城市院现状，思考未来，不断探索北京院的改革出路。根据2010年城市勘测专业委员会组织的会员单位情况调查统计，76家城市勘测行业会员单位中，自收自支事业单位占69.7%，差额拨款事业单位占14.5%，国有独资或国有控股企业占7.9%，民营或民营控股企业占7.9%。这其中，隶属城市规划局的事业单位占76.3%。北京院未来将在公益一类、公益二类事业单位，转企业和拆分重组中慎重选择。

根据国家事业单位分类改革政策的分析，2014年7月1日实施的《事业单位人事管理条例》，对事业单位提出了跟政府脱钩、建立薪酬激励机制、为职工缴纳养老保险的要求。

国家测绘地理信息局长库热西·买合苏提局长在全国测绘局长会上讲到测绘地理信息工作在国家改革发展大局中的三大定位，强调：“加强基础测绘，监测地理国情，强化公共服务和公益性保障，这是我们服务经济社会科学发展的基本任务；大力促进地理信息产业发展，强调挖掘地理信息的价值，强化市场服务和社会化应用，这是提升测绘地理信息工作经济效益的主攻方向；尽责维护国家地理信息安全，强调加强测绘地理信息统一监管，规范测绘地理信息市场秩序，维护国家主权、安全和利益，这是党和国家赋予我们的重要职责。”

北京院深入分析国内城市院现状，研究政策，结合行业需求及发展，明确定位，未来方向清晰。在转型过程中要做到有思路、有准备、有取舍，保稳定、求发展，制定适合自身的应对措施，不断适应新环境，不断取得新成绩。

“宝剑锋从磨砺出，梅花香自苦寒来”，在改革的浪潮中，北京院将坚持高举“战略转型”大旗，沿着院发展规划的道路，以核心价值体系为引领，实现四个“一流”强院目标，以积极进取的精神，勇敢接受挑战，扎实推进转型，终将实现共同的“北测梦”。在国家测绘地理信息局和北京市规划委员会的领导下，为北京市，为测绘地理信息行业作出更大的贡献。

B.3

浙江测绘地理信息转型发展的思考与实践

陈建国*

摘　要：

本文从转变思想观念，以正确定位职能和加强顶层设计推进事业发展；转变管理职能，强化统一监管和公共服务能力；创新体制机制，夯实测绘地理信息事业发展基础；建设信息化测绘体系，提升测绘地理信息服务保障能力；抓大项目大平台建设，积极拓宽服务和发展空间；发展地理信息产业，加速测绘地理信息事业转型发展等方面介绍了浙江测绘地理信息转型发展的历程和取得的成绩。

关键词：

浙江　测绘地理信息　转型发展

测绘地理信息是经济社会发展的基础性工作。随着经济社会的快速发展，科学技术的进步，国民经济和社会信息化的推进，测绘地理信息涉及的领域越来越广，范围越来越大，对它的要求也越来越高。如何适应这种发展变化的新要求，是摆在测绘地理信息部门面前的重大课题与挑战。浙江省测绘与地理信息局积极顺应新形势、新要求，深入调研，大胆创新，勇于探索，在测绘地理信息转型发展的实践中取得了显著成绩。在浙江，测绘地理信息部门已经成为党委政府宏观管理、科学决策的得力助手和国民经济和社会信息化建设所需的统一的地理信息公共服务平台的提供者；测绘地理信息部门积极培育推进的地

* 陈建国，浙江省测绘与地理信息局局长、党委书记。

理信息产业正在成为浙江经济转型升级的新的增长点。2010～2013年，在全国测绘地理信息系统贯彻落实科学发展观年度工作综合考评中，浙江局连续4年被评为第一名，并被国家测绘地理信息局授予全国唯一的“杰出单位”称号。

一　转变思想观念，以正确定位职能和加强顶层设计推动事业发展

思想是行动的先导，转变思想观念是实现转型发展的关键，有什么样的思想观念，就会有什么样的发展思路。浙江测绘地理信息转型发展首先从转变思想观念入手，通过正确定位管理职能、强化顶层设计，有序推进测绘转型升级工作。

（一）更新观念，推动管理职能的正确定位

20世纪70年代，应经济建设的需要，各地省级测绘管理部门陆续成立，主要任务是组织生产1∶1万基础地形图，这就决定了当时的测绘管理部门把工作的主要精力放在对基础测绘生产的具体组织上，放在对下属单位测绘队伍的管理上。存在以微观管理为主，忽视对中观、宏观的管理；以内部管理为主，忽视对行业和社会的管理的问题。测绘管理部门没有较好地履行测绘行政主管部门应当履行的管理全行业、全社会测绘工作的政府职能，更像一个行政级别较高的测绘生产单位。“九五”期间，我国计划经济逐步向有计划的市场经济转变，原有的测绘事业单位、国有测绘单位逐步走向市场，测绘市场逐步形成、日益兴盛；经济社会的快速发展，对测绘工作的需求也大量增加，亟须测绘管理部门更好地履行市场监管职责，加快基础测绘工作，统筹协调各部门的测绘工作。如果再走老路、墨守成规，满足于管生产、管队伍的话，将会严重制约测绘事业的发展。从1998年开始，浙江局深入开展了对发展理念的大讨论，以统一思想认识。全局上下深刻认识到，要实现测绘事业的健康、持续发展，必须更新思想观念，正确定位局的职能，把管理的主要精力放在制定和实施发展规划、制定和实施法律法规及相关政策、组织推进基础测绘与成果应用、强化测绘市场统一监管等政府管理职能上，把组织生产、后勤管理等具体事务归还给下属生产单位，实现从生产型部门向生产管理型部门的转变。在此

基础上，浙江局紧紧抓住2000年政府机构改革的契机，修订局“三定”方案，顺势对局工作职能进行调整，突出了统一监管和公共服务的职能。2002年，新修订的《测绘法》进一步明确了测绘主管部门的统一监督管理职能。浙江局以贯彻落实新《测绘法》为抓手，进一步强化了测绘统一监管和向社会提供测绘公共服务的职能，做到“两手抓、两手硬”，实现了从生产管理型向管理服务型的转变。“十一五”以来，社会信息化的快速发展，测绘科技的日新月异，政府管理的不断创新，新的测绘业态层出不穷，地理信息产业迅猛发展，将测绘管理部门推向了一个新的发展路口，使其面临着新的管理难题。2010年，浙江局乘着机构规格升格、部门名称改为“测绘与地理信息局”的东风，通过新的“三定”方案增加了对全省地理信息产业管理等新的职能，进一步拓展了管理职能和事业发展的空间。观念一转天地宽。正由于顺应了形势发展的要求，转变思想观念，正确职能定位，使得浙江测绘从20世纪90年代以来爬坡过坎，经历了从生产型部门到生产管理部门，再到管理服务部门的“三级跳”，初步实现了测绘发展方式的转型升级，测绘管理工作逐步融入政府工作之中，并在全省经济社会发展中发挥了应有的作用。

（二）注重顶层设计，推动各项规划的制定和实施

思深方益远，谋定而后动。有了正确的发展理念和职能定位，还必须有正确的工作思路和方法举措加以实现。浙江局十分注意把握事业发展趋势和规律以及存在的矛盾和问题，围绕目标去布局，制定规划谋长远，加强顶层设计，推动各项事业的科学发展。按照干今年、谋明年、看后年的要求，浙江局每年都确定5～10个由局领导班子成员领衔的重点调研课题，通过调研，有针对性地制订规划和政策。这些年，浙江局认真制定了全省测绘地理信息事业发展五年规划，并在事业发展规划的框架下，制定了基础测绘、立法和普法工作、科技、干部和人才队伍建设、文化建设、基础测绘（含应急测绘）技术装备、地理信息产业发展等专项规划。并通过发展规划确定事关履行职责、事关提升能力、事关事业发展大局的重大举措和重大项目，做到一张蓝图绘到底，咬定青山不放松，以抓铁有痕、踏石留印的决心，一项一项抓好落实，奠定了事业发展的坚实基础。

二　转变管理职能，强化统一监管和公共服务能力

随着思想观念的转变，浙江局将管理职能从原先的管组织生产、管局属单位，转到对测绘地理信息市场的统一监管、统筹协调和为政府、为社会提供公共服务上，实现了管理职能的根本转变，更好地彰显了政府部门的作用。

（一）围绕职能履行，强化测绘地理信息统一监管

加强统一监管是测绘地理信息部门履行职能、促进市场健康发展的重要途径，也是政府部门的立身之本。这些年，浙江局紧紧抓住统一监管不放松，多次联合工商、新闻出版等部门，组织开展全省地图产品、测绘项目备案、涉密测绘成果保密、测绘成果质量的专项监督检查，进一步规范了全省测绘地理信息市场秩序。2013 年，浙江局又会同国安、保密等部门建立省测绘与地理信息安全监管联合工作机制，会同省国家安全厅建立“测绘控制区”测绘活动审查通报制度，构建了地理信息安全监管的新机制。

（二）围绕合作共享，强化测绘地理信息统筹协调能力

测绘部门组织实施的基础测绘具有基础性、公益性特征，法律规定必须无偿提供，政府有关部门对测绘成果需求的个性化、来源的多样性，以及财政管理体制的问题，容易造成相关部门重复测绘，标准不统一，形成地理信息孤岛，阻碍了社会信息化的发展。因此，亟须测绘部门切实履行整合、共享地理信息资源方面的职责，推动地理信息资源的共建共享。2002 年 12 月，经省政府批准，浙江省地理空间信息协调委员会成立，空调委办公室的日常工作由浙江局承担。我们把空调委做实，空调委不“空调”。在空调委的协调框架下，浙江局先后与省级相关部门，全省所有设区市、周边省市测绘地理信息主管部门、省军区、南京军区、东海舰队等签订地理信息共建共享协议，开展了地理信息共建共享和项目共建工作。2010 年省政府出台了浙江省地理空间数据交换和共享管理办法，测绘地理信息共建共享工作从契约层面

上升到法律制度层面。2012 年 12 月开始，浙江局进一步强化与省政府有关部门、军队的合作，通过签订战略合作协议，将地理信息共建共享的单位合作上升到科技、装备、项目、培训、信息资源等全方位的合作，全面提升了统一监管和统筹协调测绘地理信息工作的水平。通过开展地理信息资源合作共享，使政府各部门在项目谋划阶段就会想到测绘部门，在项目实施中会找到测绘部门，信息化建设也离不开测绘部门，与测绘部门的合作与交流越来越深、越来越广。

（三）围绕中心工作，强化测绘地理信息保障服务

保障服务经济社会发展是测绘与地理信息工作的出发点和落脚点。只有切实履行好公共服务职能，提供有力的测绘地理信息保障服务，才能更好地彰显测绘地理信息工作的作用和地位。为更好地提升公共服务能力，浙江局彻底改变就测绘干测绘的观念，坚持按需测绘的发展理念，跳出测绘看测绘、干测绘，紧紧围绕各级党委、政府的中心工作以及重大项目建设需要来制定测绘与地理信息发展中长期规划、基础测绘年度计划，实施重大测绘项目，坚持主动服务，积极作为，对部门的服务采取主动贴上去，对市、县的管理采取积极沉下去，做到急部门之所急，想部门之未想，主动提供有效的测绘与地理信息服务。开展“五水共治”是浙江省委、省政府倒逼经济转型升级的重大战略决策。浙江局主动与省“五水共治”领导小组办公室联系，出谋划策，以测绘与地理信息技术助推“五水共治”工作，制作治理“三河”（即黑河、臭河、垃圾河）指挥地图，开发“浙江省‘清三河’信息管理系统”，为省级“五水共治”更好地提供管理和决策依据。浙江省省长李强在听取治水办领导关于浙江局主动服务“五水共治”的汇报后，给予高度评价，浙江局被增补为“五水共治”领导小组成员单位。浙江局还着眼长远，着眼大局，率先对基础测绘成果采用无偿（后来又改为免费）提供，主动放弃部门利益，以更好地服务政府部门工作和经济社会发展。通过这些年的努力，浙江测绘地理信息工作得到了越来越多的政府及其部门的理解和支持，在政府工作中赢得了应有的地位，也为浙江局机构规格升格、职能拓展奠定了坚实的基础。

三　创新体制机制，夯实测绘地理信息事业发展基础

随着测绘科技的进步，各项事业的发展，测绘地理信息服务方式、生产方式的变化，新的矛盾和问题不断产生，要破解这些矛盾和问题，就要求测绘地理信息工作在体制机制、政策法规等方面与时俱进，不断创新，以保障测绘地理信息事业的健康发展。

（一）建立健全法规制度体系，为事业发展提供良好政策环境

浙江局十分重视制度和法规建设，及时总结管理实践中的成功经验，经归纳提炼后将它们上升为制度性规定（规范性文件），经过规范性文件的贯彻执行，及时向省人大、省政府建议制定法规和规章。2000 年，浙江在全国率先出台《浙江省基础测绘管理办法》，建立健全了基础测绘计划体制和经费投入机制；2005 年，对《浙江省测绘管理条例》进行全面修订；2010 年，在全国率先出台《浙江省地理空间数据交换和共享管理办法》。目前浙江省已形成了以《浙江省测绘管理条例》为核心，包括 5 部省政府规章以及与此相配套的 30 多件行政规范性文件组成的比较完善的地方测绘与地理信息法规体系，为测绘与地理信息事业的健康发展，为转型发展提供了法律保障。

（二）加强省市县管理机构建设，进一步落实工作职能

由于历史的原因，测绘地理信息管理机构历来薄弱，2010 年之前，浙江局与全国大部分省局一样很长时间里是副厅级机构，且市、县机构很不健全，在许多县（市、区）管理测绘地理信息工作的部门缺位，导致国家测绘法律法规和政策在省一级不能很好落实，在市、县一级无法得到落实。可以说，机构不全，职能无以落实。为此，浙江局紧紧抓住历次政府机构改革的契机，积极向党委政府和机构编制部门反映情况，努力开展工作，以作为求地位，得到省领导和相关部门的高度重视。省编办在每次机构改革的过程中都向市、县编办发文，要求在机构改革中加强市、县测绘管理机构建设。2010 年 2 月，省编委批复省测绘局更名为省测绘与地理信息局，机构规格恢复为正厅级，新

“三定”方案中增加了7项行政管理职能，增加了内设机构个数和人员编制。全省市、县测绘地理信息管理机构建设也取得重大进展，目前所有市、县（市、区）都成立了测绘与地理信息管理机构，明确了管理职能、内设机构和人员编制，明确了执法主体。浙江局还十分重视事业机构建设。2006年、2007年省局下属5个单位分别从副处级机构升格为正处级机构。2008年新成立浙江省测绘科学技术研究院。借着数字城市地理空间框架建设的契机，浙江省许多县（市）成立了事业机构——地理信息中心。通过坚持不懈地推进管理机构建设，进一步落实和强化各级测绘地理信息管理部门的行政职能，省、市、县测绘与地理信息工作得到整体推进，初步形成了有机构管事、有人干事、能干成事的良好局面。

（三）深化审批制度改革，推进省级行政管理事权下放

经过长期努力，浙江省测绘地理信息管理机构日臻完善，但在市、县管理机构中统一监管和公共服务能力不强的问题仍较突出。为此，浙江局通过深入调研，积极探索改进管理的方式，主动简政放权，于2012年在全国率先将由省局行使的7项行政管理事权依法下放至各市、县测绘与地理信息局行使，推动行政管理重心下移，更好地发挥市、县测绘与地理信息管理部门的作用，进一步推进了市、县机构建设。2013年以来，浙江局完成了三轮职权清单的清理，原核准的145项行政职责缩减至57项，缩减率超过60%，并对省级的行政许可事项、非行政许可事项，以及其他行政权力事项进行梳理，确定便民服务事项目录。近期浙江局正在推进市县测绘地理信息管理深化改革试点工作，力争在试点市、县（市、区）建立起事权清晰、职能落实、运转协调的管理体制，全面提升试点市、县（市、区）的行政管理和公共服务能力，为深化测绘地理信息管理体制改革提供经验。

四　建设信息化测绘体系，提升测绘地理信息服务保障能力

随着经济社会快速发展，党委、政府和有关部门，社会和公众民生对测绘

与地理信息工作提出了更多的新需求，对基础地理信息的现势性和丰富性提出了更高的要求，依靠原有的生产模式和生产能力已越来越难以适应新的形势任务的要求。浙江局积极顺应变化的形势，以科技创新为牵引，着力推进信息化测绘体系建设，主动调整生产组织机构，提升基础测绘快速更新水平，在测绘地理信息服务产品、服务方式、服务能力等方面都实现了新的转型和突破。

（一）加强科技创新载体建设，提升科技创新能力

科技创新是提升测绘地理信息保障能力的重要推动力量。在国家测绘地理信息局和省政府的重视和支持下，浙江局积极引进国内优质测绘科技资源，与中国测绘科学研究院联合共建科技创新载体，2008 年，成立了中国测绘科学研究院浙江分院（浙江省测绘科学技术研究院）；2013 年，浙江局与武汉大学合作成立了地理国情监测国家测绘地理信息局重点实验室。浙江局还加强与各个方面的测绘科技合作与交流，以项目合作为抓手，加强与高校和研究机构的合作交流，充分发挥各自在资源配置方面的长处，达到优势互补、共同发展的目的。建立并实施省测绘与地理信息科技带头人、青年科技骨干评选制度，努力培育高层次、复合型的科技领军人才，引领浙江的测绘与地理信息事业创新发展，全省测绘科技创新能力得到明显提升。

（二）推进信息化测绘体系建设，增强测绘地理信息服务保障能力

信息化测绘体系建设是测绘地理信息事业转型发展的必由之路。2010 年，浙江省在全国较早出台了《浙江省信息化测绘体系建设发展规划》，积极推进全省陆海统一基准体系、省连续运行卫星定位综合服务系统、省自然资源与地理空间数据库等重大基础项目建设，全面改造基础测绘生产技术体系，推进基础测绘生产的内外业一体化作业模式，实现生产的信息化、流程化管理，进一步提升数据快速获取和智能化处理能力。作为配套，浙江局还制定《浙江省省级基础测绘（含应急测绘）现代化技术装备规划》，加快推进装备现代化建设。为改进测绘地理信息成果的保存和提供服务工作，在省地理信息产业园建成了省基础测绘成果与重要测绘档案资料异地备份存放基地和省地理信息产业园地理信息数据服务窗口大楼，目前正在装修中。

（三）调整生产组织结构，提升基础测绘快速更新能力

为改进基础测绘快速更新工作，浙江局调整了基础测绘生产的组织结构，彻底改变了基础测绘生产内外业相分离和长期以来形成的职工长时间野外作业的方式，在省第一、第二测绘院组建了4个内外业一体的航测分院，实施了内外业一体化作业的生产方式，并对基础测绘生产程序实行了（生产、质检）流程再造，实施图库一体化更新。全省1∶1万基本比例尺基础测绘成果从2014年起，开始实施准实时动态更新。浙江已成为基础测绘成果覆盖范围最广、品种最全、现势性最强的省份之一。同时，为适应日益旺盛的测绘地理信息公共服务需求，浙江局适当压缩和调整了基础测绘生产力量及规模，陆续增设了应急测绘、导航和位置服务，天地图网站运维中心、地理空间数据交换中心等公共服务需要的新的服务机构，测绘地理信息公共服务能力进一步得到提升。

五　抓大项目大平台建设，积极拓宽服务和发展空间

大项目、大平台建设，可以起到集中资源、重点突破的作用，对整个事业发展具有很强的牵引力和影响力。近年来，浙江局把推进大项目、大平台建设，作为提升服务能力与水平、拓展发展空间、锻炼人才队伍的重要途径和有效载体，以丰富的基础地理信息资源为基础，注重整合和统筹各方资源，着力推进大项目、大平台建设，不断丰富基础地理信息资源，提供多样化的地理信息产品、多种类的服务方式，进一步拓展测绘地理信息的服务范围和空间，较好地满足了党委政府规划决策、行政和社会管理、应急保障、信息化建设、公众民生服务等需求。

（一）大力推进海洋测绘工作，进一步完善基础测绘成果体系

海洋测绘是基础测绘的重要组成部分。由于历史原因，浙江的海洋测绘成果严重不足，远远难以满足浙江省海洋经济发展特别是两个国家海洋发展战略实施的需要。因此，浙江局从2009年开展海洋测绘需求调查，着手制定海洋

测绘发展规划和实施方案，2010 年经省政府批准立项。2011 年，浙江省投入 14575 万元、为期 5 年的全省海洋测绘工作在全国率先启动。目前，海洋测绘首期成果已提供给浙江涉海部门和沿海、海岛市、县政府用于规划和项目建设，较好地满足了浙江省海洋经济发展和海洋综合管理工作的需要。

（二）建成省地理空间数据交换和共享平台，提升测绘地理信息公共服务能力

从 2009 年起，浙江省共投入 6330 万元，建设省地理空间数据交换和共享平台，于 2011 年底基本建成，2013 年 1 月通过浙江省发改委组织的项目验收。目前，该平台已集成整合了 40 个省级有关部门和单位的 241 大类、1121 个图层的与地理空间位置有关的信息数据，授权 61 个用户使用交换平台的数据和服务，支撑基于平台的应用系统达 77 个。省交换和共享平台的建成极大地丰富了与地理空间位置有关的信息资源，全省地理信息应用“一张图、一个平台、一张网”的格局已经形成，进一步提升了测绘地理信息的服务能力与水平。

（三）全面推进数字城市和天地图建设，推动全省地理信息公共服务平台建设

2013 年底，全省所有设区市数字城市建设项目均通过国家测绘地理信息局的验收，超过三分之一的设区市被国家测绘地理信息局授予“全国数字城市建设示范市”称号。在积极推进国家数字城市试点和推广项目的同时，浙江在全国最早开始县级数字城市地理空间框架建设，建设全省统一的省、市、县一体的地理信息公共服务平台。2012 年 9 月，省政府办公厅下发《加快全省数字城市地理空间框架建设，促进地理信息公共服务平台应用的通知》，要求在 2015 年前完成全省所有县（市、区）平台建设。到 2014 年 6 月底，纳入省级数字城市建设计划的县（市、区）全部完成项目设计书评审工作。天地图 · 浙江省、市、县节点与数字城市地理信息公共服务平台同步设计、同步建设、同步验收。在数字城市和天地图建设中突出以应用为目的，以应用促建设。2014 年 3 月，浙江局与省信息化领导小组办公室联合行文推广应用，要

求在智慧城市试点项目和信息化项目建设中必须应用地理信息公共服务平台。目前，全省各地基于数字城市地理信息公共服务平台的应用系统累计已达400个（不包括省交换平台应用项目），其中不同类型的应用项目已达120个。

（四）积极推进地理国情普查和监测工作，服务政府决策和管理

为推动测绘工作从提供数据向数据分析服务转变，从提供应用成果向服务管理决策转变，浙江省在全国较早开展了地理省情监测的相关工作。2003年开始，浙江局会同有关部门开展并完成了浙江省大陆海岸线修测、量算和全省国土面积等部分重要地理信息数据的量算工作，获取了包括全省陆域面积、陆域表面积、海域面积、高程分级面积、水域面积、主要河流长度和流域面积、主要湖泊面积等数据，经省政府批准，这些数据已经依法向社会公布或在政府部门内部使用，为省委、省政府和有关部门决策提供了科学依据。2011年，浙江省被列为国家地理国情监测试点省份，2013年全面完成试点项目并通过国家测绘地理信息局验收，为全国开展地理国情普查及监测工作积累了经验。从2013年7月起，根据国家的统一部署，浙江省全面启动第一次地理国情普查工作。省、市、县各级测绘地理信息管理部门结合全国地理国情普查，贴近党委、政府和相关部门的决策管理的需求，积极开展具有自身特色的地理省、市、县情普查。绝大部分市、县增加的普查内容多达10多项。各级测绘与地理信息管理部门坚持边普查边应用，积极向党委政府和有关部门提供已经获取处理的最新卫星航空影像图和水环境、城镇建设、空间开发利用等普查成果，促进了普查成果的广泛应用。浙江局还积极推进地理国情普查统计分析工作，通过整合国情、省、市、县情普查和监测成果，力争以县、市、省为单元形成“一图、一库、一报告”的成果，为地理国情常态化监测奠定坚实基础。

（五）加快建设省信息化测绘创新基地，为测绘地理信息事业转型发展奠定坚实基础

在国家测绘地理信息局、省国土资源厅和省级有关部门的大力支持下，省政府批准我局建设浙江省信息化测绘创新基地（国家测绘地理信息局东海测绘基地）建设项目。该项目建筑总面积74000多平方米，建设用地48亩，建

设概算资金3.91亿元人民币。目前该项目已经开工建设，将为完善国家测绘发展战略布局、促进浙江测绘与地理信息事业长远发展奠定坚实基础。

六　发展地理信息产业，加速测绘地理信息事业转型发展

大力发展地理信息产业，是各级测绘地理信息部门的重要职责，也是推动测绘地理信息转型升级的重要途径和必由之路。

（一）加强政策引导，推进测绘地理信息转型升级

2010年，浙江局出台《关于促进测绘经济转型升级的若干意见》，提出测绘转型升级的指导思想、目标、任务和要求，指导全省测绘地理信息行业的转型发展工作。2012年6月，浙江省政府在全国率先出台了《关于促进地理信息产业加快发展的意见》，浙江局和省发改委联合印发了《浙江省地理信息产业发展“十二五”规划》。浙江局还制定了推动测绘地理信息转型升级、促进地理信息产业发展的多项配套政策，如调整测绘市场准入政策，提高传统测绘的准入门槛，适当降低新兴地理信息服务产业企业的市场准入门槛，鼓励传统测绘企事业单位兼并重组等，为测绘地理信息转型发展奠定了良好的政策环境。为推动地理信息产业发展，浙江省政府还建立了省促进地理信息产业发展联席会议制度，定期召开会议，加强部门间的交流和协作，充分发挥各职能部门的作用，形成促进地理信息产业加快发展的合力。

（二）建设省地理信息产业园，引导地理信息产业集聚发展

2010年下半年，为了加快推进测绘转型升级和地理信息产业发展，浙江局向省政府提出建立省地理信息产业园的建议。2011年，经省政府同意，浙江局和德清县政府签署《共建浙江省地理信息产业园合作框架协议》，在德清科技新城建设浙江省地理信息产业园。产业园规划用地面积1970亩。2012年5月，浙江省人民政府、国家测绘地理信息局与联合国统计司（地理信息管理司）三方签订协议，决定在浙江省地理信息产业园合作建设“联合国全球地理信息管理德清论坛”永久会址。2013年，省发改委批准省地理信息产业园

为“省高技术产业基地”。省地理信息产业园（一期建设）被列为省重点建设项目。2014 年，园区第一期 66 幢产业大楼陆续开工建设。招商引资工作成绩显著。截至 7 月底，已有 45 家省内外知名的地理信息及相关企业入驻园区，协议投资金额达 88.3 亿元。在产业园临时办公区过渡的地理信息及相关企业已实现产值 25 亿元，税收超过 5000 万元。全省地理信息产业呈现传统服务领域持续发展、新兴应用服务领域快速发展的良好态势。

多年来，浙江局在推进测绘与地理信息转型发展方面进行了大胆探索，也取得了一些成绩。但新的形势、新的任务，对测绘地理信息工作提出了新的、更高的要求。好风凭借力，扬帆正当时。我们将站在新的起点上，以时不我待的紧迫感，功成不必在我的责任感，进一步推动转型发展和深化改革工作，为浙江测绘地理信息事业发展开拓一片更加广阔的天地！

B.4

重庆市测绘地理信息事业发展的实践与思考

张 远*

摘 要：

以“数字重庆”地理信息平台建设为核心的重庆市测绘地理信息发展实践，在建设模式、技术集成、机制保障、应用领域拓展等方面都有所创新和突破，走在国内数字城市建设的前列。本文对其主要建设内容及特色作了简要的归纳和总结，对今后的发展进行了展望，以期为业内同人提供有益的借鉴。

关键词：

信息化 数字重庆 建设历程 技术集成 产业升级 机制创新

从20世纪90年代中期以来，我国提出加快信息化建设，建设完善信息化基础设施，包括互联网、“信息高速公路”等，各行各业面对信息化大潮纷纷行动。1999年重庆市人民政府为了加快国民经济和社会信息化建设，提出《重庆市信息港建设规划》。为理清重庆测绘地理信息发展思路，我们从规划入手，确定以数字重庆为抓手来全面推进测绘地理信息行业的信息化。我们认识到编制规划的重要意义，通过三轮测绘地理信息规划的编制和实施，推进了重庆测绘地理信息事业的快速健康发展。

* 张远，重庆市规划局副局长，正高级工程师。

一　重视规划，确定目标

（一）规划编制

2001年，重庆市人民政府颁布《数字重庆地理信息系统发展纲要（试行）》。规划纲要主要对“十五”期间，重庆市地理信息系统建设、发展方向作出了明确的规划发展目标，到2005年，要基本建立数字重庆地理空间框架，形成数字城市雏形。在此纲要指导之下，“十五”期间，重庆市地理信息系统建设和应用全面开花，呈现出一片欣欣向荣的势态。空间信息基础框架已形成，各种基础性的地理空间信息开始有序为各行业信息系统建设和应用服务。地理信息从阳春白雪逐步发展为广为人知的新兴高新技术，地理信息产业已显健康发展雏形，初步形成了重庆市地理空间信息以及地理信息系统建设应用共建共享局面，为数字重庆全面建设和应用打下了坚实的基础。

2006年，经重庆市市政府常务会审议通过，《重庆市测绘事业第十一个五年规划发展纲要》开始颁布实施。在此规划纲要中，数字重庆地理信息平台建设作为数字重庆建设的主要内容之一，首次被明确要求“基本建成数字重庆地理信息平台”，满足重庆市“十一五”期间经济社会建设发展、信息化建设与人民生活的需求为出发点，促进“数字重庆”建设为方向，以科技创新为动力，充分结合重庆实际，高起点建设，跨越式发展。

2010年年初，在充分总结评估“十一五”数字重庆地理信息平台建设的成果基础上，深入分析了“十二五”期间重庆市国民经济与社会发展对地理信息的需求，结合对重点行业和信息产业相关领域的深入调研，启动了《重庆市测绘事业发展暨地理信息基础设施建设第十二个五年专项规划》的编制工作，并于11月获得市政府批准颁布实施，“十二五”规划明确提出数字重庆向“智慧重庆”的升级。

（二）建设目标

三轮规划，分别确定各个阶段的目标。通过不断的努力和传承，完成现代测绘基准、数字重庆建设需要的各类地理信息数据以及数字重庆地理信息数据库建设；建立基础、政务和社会服务地理信息平台，实现全市地理信息管理维护、分发服务和共享交换的网络化、实时化、分布式服务；建立和完善标准规范、政策机制，软硬件环境，保障平台持续、稳定的运行服务；推动专业部门、政府部门、社会公众等应用系统建设，提升全市地理信息应用水平。重庆市测绘地理信息建设从能力、人才队伍、政策法规、应用服务等方方面面的进步确保了重庆市经济社会建设发展的需求。

（三）总体框架

建设总体思路是，根据重庆市社会经济发展的实际需要，在统筹城乡建设的基础上，制定地理信息公共服务的政策机制与标准规范，按照统筹规划原则，实施合理的地理空间数据覆盖，逐步建立基础空间框架数据库，搭建各种地理空间信息专业应用系统和综合应用系统，为全市提供从数据到应用的真正地理空间信息服务。如图 1 所示。

我们将数字重庆建设分为四大体系。

（1）数据体系建设：主要包括现代测绘基准体系、地理空间数据获取、处理、建库和更新。充分挖掘全市现有地理信息资源潜力，加强现代测绘地理信息技术、计算机技术和信息技术等先进技术应用，提供精度高、现势性强的地理空间数据源。通过测绘管理、重大项目实施、测绘产品归档、测绘产品质检代为归档等多种模式，动态更新基础测绘数据资源。

（2）软件体系建设：主要包括基础地理信息平台、政务地理信息平台和公众服务地理信息平台。在已有信息系统建设成果和经验积累基础上，与国内知名科研院所和软件企业合作研发，采用国际先进的 3S 集成和空间信息应用服务技术，打造国内一流的地理信息公共服务平台。

（3）应用体系建设：主要涉及全市综合信息空间集成平台、数据区域、应急以及各种行业应用系统。根据政府部门和公众的实际应用需要，与行业部门深入合作，建立切合行业需求、满足信息服务的应用体系。

（4）保障体系建设：主要是装备与设备、标准规范、政策法规和安全保密等。在国家和行业既有标准基础上，结合重庆实际情况，编制发布地方标

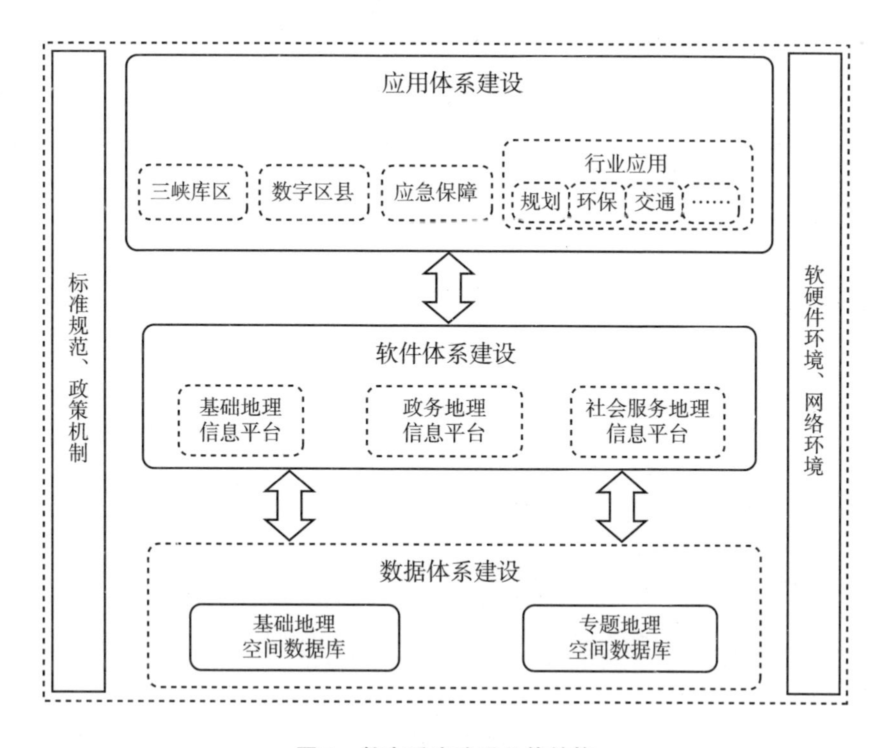

图1　数字重庆建设总体结构

准。学习借鉴国内外先进经验，由政府领导牵头，协调地方各级部门，探索建立有效的运行、维护和应用推广机制。

按照重庆市政府“三定方案”，由市规划局负责全市测绘地理信息管理工作，为有效推进工作，由市政府领导领衔，成立地理空间信息协调委员会，组织相关部门负责人成立工作领导小组，重庆市规划局牵头组成协调委员会办公室，成立技术实施小组，加强统一领导，科学决策与组织协调，保障建设任务顺利实施。

二　建设历程

（一）筹备立项阶段（1999～2000年）

1999年7月，重庆市城市基础地理信息系统通过以陈述彭院士为首的国内 GIS 专家的鉴定，鉴定结论认为："重庆城市基础地理信息系统在山地城市空间数据表达与制图方面有创新，总体上达到国际先进水平。"随后，重庆市提出了将城市基础地理信息系统的建设作为重庆信息基础设施的关键内容予以继续推进与实施。2000 年 4 月，重庆市科委领导代表重庆市政府在北京香山院士论坛上正式提出启动"数字重庆"建设工作。2000 年 9 月，为了明确数字重庆建设机构，在重庆市勘测院的基础之上加挂重庆市地理信息中心，负责建设全市地理空间基础设施，为数字重庆建设提供技术服务。随后，在市政府组织下，由重庆市规划局牵头组织编制的《重庆城市数字化工程示范项目实施方案研究报告》被市政府办公厅采纳并报建设部，建设部将重庆市列为"十五"城市数字化工程示范项目城市，重庆市正式开始启动数字重庆建设工作。

（二）基础建设阶段（2005 年之前）

为了打好基础，更好地推动数字重庆地理信息平台的建设，重庆市规划局牵头《数字重庆地理信息系统发展纲要》（以下简称《纲要》）编写工作，《纲要》调查收集了国内外信息化建设的成果经验，先后多次召开研讨会和咨询会，认真听取市级有关部门和专家的意见进行编制，经过市级部门和国内知名专家论证，经重庆市信息产业领导小组会议审议通过，于 2001 年 4 月获得市政府批准，作为"十五"期间"数字重庆"建设的指导性文件。

在此《纲要》的指导下，重庆市的数字重庆建设进入基础建设阶段。首先，在数据资源建设方面，启动了全市 1∶1 万基础数据更新工作，并利用世界银行贷款，启动都市区 1∶2000 基础数据的生产工作，组织开展全市 1∶20000 ~ 1∶35000 航空影像数据采集，2005 年 10 月启动重庆市连续运行卫星定位综合服务系统建设工作。在软件体系建设方面，通过点对点的提供技术服务，以部门应用为基础，陆续搭建了综合市情 GIS 建设、119 消防指挥信息系统、公安安全保卫地理信息系统、规划用地管理地理信息系统、公路管理地理信息系统 GPS 车辆综合调度地理信息系统、重庆市大气污染监测地理信息系统、三峡库区地质灾害卫星遥感监测系统等多个部门专用地理信息系统。《纲要》实施期间主要建设了全市统一的基础地理空间信息体系，整合集成了各行业与地理位置相关的社会、经济专题数据形成数字城市雏形。

（三）快速推进阶段（2006 ~2010 年）

本阶段工作自 2006 年初启动，学习研究了《全国基础测绘中长期规划纲要》和近 10 年的基础测绘规划纲要，收集了正在进行的国家“十一五”测绘发展战略研究成果和部分省份的基础测绘规划，分析了重庆市“十五”期间《数字重庆地理信息系统发展纲要》实施情况，调查了规划、建设、信息产业等方面的需求，提出了《重庆市测绘事业发展暨地理空间基础设施建设第十一个五年专项规划》（以下简称《专项规划》）的编制思路和核心内容。《专项规划》通过了 2005 年度市地理空间信息协调委员会全体会议审议，经过广泛征求全市各部门的意见和国内知名专家论证，《专项规划》于 2007 年 3 月经过市政府第 90 次常务会议审议获批准通过。《专项规划》是重庆市“十一五”期间重庆市测绘地理信息事业发展的纲领性文件，明确了“十一五”时期的测绘地理信息事业的总体目标和内容：“基本建成数字重庆地理信息平台；健全地理空间信息基础设施建设相关政策、法规与管理机制”、“健全全市地理空间信息协调机制，整合资源，实现全市政府各职能部门间地理信息的共享共建”、“充分发挥地理信息在电子政务和社会信息化建设上的作用；大力促进地理信息的社会化应用”。

在《专项规划》实施期间，数字重庆地理信息平台的建设进入了快速推进阶段，建设内容覆盖了数据资源、软件体系、应用体系、保障体系等所有内容，在建设的各方面取得了大量的成果。

在数据资源方面：继续推动重庆市连续运行卫星定位综合服务系统的建设工作，2010 年 7 月正式完成，同时完成了重庆市域平面坐标系统和高程系统改造，建成了重庆市连续运行卫星定位综合服务系统和 B、C 级 GPS 网，完成了全市绝大部分二等水准网改造工作，完成了似大地水准面精化的前期工作，重庆市现代测绘基准基本完成；实现了 1∶1 万比例尺数字产品全域覆盖，完成了 1∶2000 和 1∶500 比例尺地形图覆盖目标；基本建成了 1∶500、1∶2000、1∶1万、1∶5 万、1∶25 万、1∶100 万等各比例尺地理信息数据库；与国内多家卫星公司建立合作，并于 2009 年引进低空无人机影像采集技术，建立了从航天、航空到低空的遥感影像获取途径，建设了从低分辨率到中高分辨率再到高分辨率的遥感影像数据库；2009 年启动主城区建筑物普查，通过与市公安局共建共享，建设了全市地名地址数据库；通过 2007 年启动开展的主城区地下综合管线普查工作，建设重庆市地下综合管线数据库；与其他行业部门充分合作共享，建设了环保、市政、公安、教育、卫生、应急方面的专题数据库及应用系统。

在软件体系方面：2007 年启动、2008 年完成了数字重庆基础地理信息平台的建设，实现了多源数据的一体化集成和海量数据的存储与管理，全面推进了测绘基础地理信息数据的整合与共享，为专业部门提供基础地理信息数据服务。2008 年启动建设、2010 年 4 月正式上线运行的数字重庆政务地理信息平台是从全市地理空间信息整合、共享与交换的需求出发，基于统一的地理空间信息标准和规范，在公用的硬件和网络基础设施上，搭建统一管理和整合公共基础性地理空间信息资源的地理空间信息基础平台，实现重庆市公共基础地理空间信息资源与政府部门专业地理空间信息资源的整合，为各部门政务管理提供地理信息服务。2010 年 5 月，启动重庆市社会服务地理信息平台的建设，为社会公众提供实时在线的地理信息服务。

在应用体系方面，通过本阶段的建设，数字重庆的建设成果从数字区域、应急、行业应用等多方面实现了应用突破。2008 年，由国家测绘局、湖北省政府、重庆市政府共同合作启动了三峡库区综合信息空间集成平台的建设工作；2009 年、2010 年分别启动了数字永川、数字长寿的建设，使数字重庆地理信息应用向区县拓展；在行业应用方面，市政、规划、交通、无线电管理等部门在数字重庆成果基础上开发了部门专题地理信息系统，将地理空间信息融入众多专业领域，同时充分发挥全市地理空间信息共享集成、交互应用的优势，在辅助政府部门科学决策、提高政务办公的效率方面发挥了显著作用。

保障体系建设方面，为了适应信息化测绘的需要，满足“数字重庆”建设的要求，重庆市先后颁布实施了《重庆市基础地理信息电子数据标准》、《重庆市地理空间信息内容及要素代码标准》、《重庆市城市三维建模技术规范》、《街道（乡、镇）、社区（村）地图编制技术规范》等地方标准；建设了运行基础地理信息数据的局域涉密网，基于市政府电子政务网络搭建了政务地理信息平台运行网络，以支撑政府部门间的信息交换与共享信息发布，形成了依托市政府电子政务网络和互联网等多层次、跨部门互联互通、逻辑上的网络体系；2009 年，项目组在充分调研的基础上，启动了《重庆市地理信息公共服务管理办法》的立法工作，2011 年 3 月，市政府正式颁布实施。同时建立了测绘成果汇交、质检代为归档、专题数据更新等数据更新制度，全面保障数字重庆数据动态更新。

（四）深入拓展阶段（2010 至今）

2010 年年初，在充分总结“十一五”期间数字重庆地理信息平台建设的成果基础上，深入分析了“十二五”期间重庆市国民经济与社会发展对地理信息的需求，结合对重点行业和信息产业相关领域的深入调研，启动了《重庆市测绘事业发展暨地理信息基础设施建设第十二个五年专项规划》的编制工作，于 2011 年 11 月获得市政府批准颁布实施。

在这个阶段，重点建设内容包括“数字重庆”地理空间信息资源体系建设、地理信息资源实时获取工程建设、地理信息数据处理体系建设、重庆市地理信息公共服务平台建设、测绘成果与地理信息应用工程，数字重庆建设应用继续深入拓展，开启了“智慧重庆”建设的新阶段。

经过十多年测绘地理信息化建设，重庆完成了市域平面坐标系统和高程系统改造，建成了重庆市连续运行卫星定位综合服务系统和 B、C 级 GPS 网，完成了似大地水准面精化，建立了重庆市现代测绘基准；实现了 1∶1 万比例尺数字产品全域覆盖，建成了 1∶500、1∶2000、1∶1 万、1∶5 万、1∶25 万、1∶100 万等各比例尺地理信息数据库；2009 年启动主城区建筑物普查，通过与市公安局共建共享，建设了全市地名地址数据库；2007 年启动开展的主城区地下综合管线普查工作，建成重庆市地下综合管线数据库，并开展主城地下空间普查；与其他行业部门充分合作共享，建设了环保、市政、公安、教育、卫生、应急方面的专题数据库。2010 年 7 月，由市政府授牌，在市地理信息中心的基础上加挂重庆市综合应急救援地理信息服务队，明确了将地理信息纳入市应急管理信息化建设序列，在国内首次成立省级地理信息应急保障服务机构，平台在重庆市应急管理和突发事件应急救援和应急处置过程中发挥了重要的作用。

2010年4月，国内第一家省级地理信息公共服务平台——“数字重庆”地理信息平台正式开通运行，平台以计算机技术、多媒体技术和大规模存储技术为基础，以宽带网络为纽带，运用遥感、全球定位系统、地理信息系统、遥测、仿真-虚拟等现代技术，把全重庆市8.24万平方公里范围内的过去、现状和未来的全部内容在网络上进行数字化虚拟实现。

在重庆市政府指导下，各级部门积极参与，对地理信息空间资源管理、共享、服务与应用的相关理论及技术进行重点研究，开展了一系列卓有成效的实践工作，实现了数字重庆的建设目标，应用成果大量涌现。

三 创新与特色

（一）建立了省域城乡一体化地理信息平台，实现了横向跨区域，纵向贯通国家、省（市）、县不同层级地理信息的分布式无缝集成

通过规定要素描述与内容结构，应用现代空间数据存储技术，实现了多类型、多尺度、多时态海量基础空间数据的集成优化管理。重庆市基础地理空间数据包含1∶500、1∶2000、1∶1万、1∶5万、1∶25万等多种比例尺的矢量数据、地下空间数据以及不同分辨率的卫星影像数据、航摄数据和三维模型数据等，数据量巨大，而且随着数据库的不断扩展和更新，数据还将继续增加，通过良好的数据组织和存储机制实现这些海量数据的集成管理。采用海量数据快速检索、无损压缩、影像金字塔、存储优化等技术，实现了海量空间数据的优化存储。利用自动化空间数据比对、分发、汇聚技术，解决了多时相空间数据汇聚管理的核心问题。在全国率先实现了省域城乡地理信息平台一体化管理。

重庆市跨多个度带，覆盖全市的基础地理数据具有多个平面坐标系和高程系，建设中研制了基础空间数据的地方坐标之间、国家坐标之间、地方坐标和国家坐标以及国际坐标间的自适应转换和整合系统，实现了异构数据的集成应用和制图表现，从根本上解决了大比例尺GIS数据库地形符号数据冗余问题，实现了全市地上、地下空间数据的分布式无缝集成。

（二）完成了大面积复杂地理环境的三维可视化表达，集成应用三维空间分析技术，实现了二、三维一体化的地理信息服务

平台基于多源、多尺度数据快速获取与精确融合、地上地下一体化、海量数据管理与可视化等理论的集成创新，突破了传统三维地理空间数据来源单一、结构固定、数据量受限、精度低等难题，建立了三维场景动态高精度感知、建模与表达框架体系，实现复杂地理环境到动态三维空间信息的映射。完成都市圈3000平方公里三维地形，主城建成区600平方公里三维仿真精细模型，以及合川、江津、长寿、永川、垫江、开县等区县城区三维模型。

利用地面实景影像技术的车载采集设备，快速、高效、低成本地采集道路及其附属地物的立体影像数据、电子地图数据和属性数据。通过对数字线划地图和遥感图像、DEM数据的同名点相互套合，采用光照模型，利用地形起伏产生的明度变化，建立立体光影模型，模拟实际地面本影与落影的真实情况以反映实际地形起伏特征。同时，平台采用从商用数据库向非标准应用领域扩展的方式，将三维空间信息的管理融入RDBMS中，使用面向对象的数据库存放空间数据，建立三维地理信息数据库管理系统，集成应用三维空间分析技术，实现了二、三维一体化的地理信息公共服务。

（三）建立了规范化的地名地址数据库和高精度的空间位置匹配模型，实现了分布式海量专题数据的实时动态集成

数字重庆地理信息资源建设除包括基础空间数据外，还需要分布式空间集成国家、市、区县各有关部门的专题信息，类型上百种，分别存储在不同的部门。当平台在开展规划、决策和分析时，需要将这些分布式的信息实时动态集成作为科学依据，建立地名地址模型及其地名地址数据的规范化是实时动态集成的关键。项目在综合各类地址模型基础上，结合重庆市特点，提出并建立了可伸缩的地名地址模型，开发了与专题信息的数据接口和服务接口，完成了分布在48个部门的142种专题信息分布式集成与共享。

我们以地名地址的描述粒度为核心，通过规定不同粒度层次地名/地址的

描述规则，实现地址表达的自适应伸缩。在此基础上，开发了专题信息与平台的数据接口和服务接口，进一步攻克了多节点协同、动态投影和智能服务代理等多项关键技术难题，实现了多节点、跨带和异源异构等复杂条件下的分布式存储、逻辑式集中和对外一站式服务。

（四）国内第一个建立了省域架构面向基础、政务、公众三位一体的应用服务体系，实现了地理信息应用由专业领域人员向社会大众的扩展

面向基础、政务和公众，分阶段建立了三大地理信息服务平台，目前已有36个市级部门及8个区县政府部门基于服务平台搭建了44个专题地理信息应用系统，在全市的精准管理、科学决策、防灾救灾、突发事件应急和服务民生等方面发挥了重要作用。

建立多级、多源服务聚合架构，使全市各种地理空间信息服务形成一个统一的、标准的、复合的、多源的空间信息服务体系。发布通用规范的服务和GIS高级的WebService服务（数据服务、编辑服务、分析服务等），适合不同的应用需求。地理信息元素融入业务流程、业务数据中，与业务系统进行紧密的融合，实现地理信息与业务的内容集成化。适应不同应用环境，提供多样化的开发接口，满足人们在任意地方的地理信息服务需求。

随着信息技术的发展，重庆市测绘地理信息应用实现了由信息发布服务向分享交互服务的转变，从开始的测量、分析、建模和信息管理，逐渐转向了用地理知识设计未来，越来越多的人开始使用并依赖地理空间信息，“数字重庆”地理信息服务局面已全面打开。

（五）通过政府统筹确保平台费用持续投入，部门共建确保数据实时动态更新，设立专门机构保障平台稳定运行，建章立制确保地理信息公共服务长效运维

数字重庆建设成功探索了省级平台建设的新模式和新方法，不仅在横向上实现了全市地理信息资源的共享服务，为全市各级政府、部门和公众提供了有力的地理信息服务手段，也为数字区县、数字城市乃至数字中国建设实现各级

纵向贯通提供了成功的借鉴。作为测绘的行政主管部门，市规划局牵头成立了重庆市地理信息空间协调委员会，市级主要部门为成员单位，分管市长担任主任，为全市地理空间信息整合与公共服务平台共建共享工作提供了重要的组织保障。重庆市每五年编制统一的地理信息建设规划，明确经费的预算和渠道，市级财政统一投入地理空间框架和公共服务平台建设以及每年的更新维护所需的经费，各部门在信息化建设中充分考虑地理信息应用建设投入资金，为测绘地理信息化建设提供了稳定的经费保障。

设立专业机构从事地理信息服务工作，成立专门部门从事地理调查工作，保障地理信息公共服务平台的运行与维护。通过重庆市地理空间信息工程技术研究中心、博士后科研工作站、国家遥感中心地理信息工程部、重庆市地理信息应急保障服务队等平台，整合国内和全市先进技术力量，构建地理信息产业链条，确保行业的持续发展。同时，引导各方参与，共同建设共同享用信息化资源，形成多源信息反馈更新机制。相关部门在应用过程中及时反馈，专门提供离线更新工具，定期将地名、道路等更新数据反馈给平台；与各类地理爱好者进行合作，实现平台数据的持续更新；公众利用基于公共服务平台建设的数字重庆网站和重庆通移动产品，对地理信息进行纠错和更新。多来源、多渠道、多触角逐步实现平台对城市动态信息的全面感知。

四　总结与思考

传统的测绘行业主要是生产地图、测量三维坐标，随着测绘信息化的全面提升，测绘队伍的知识结构必须全面适应发展需求，学科的交叉、融合将为测绘地理信息行业发展带来新的机遇。回首我们整个行业近二十年来走过的路径，从传统的模拟测绘到数字化测绘，数字化测绘到信息化测绘，测绘地理信息行业已经发生了翻天覆地的变化。由于技术的进步，测绘地理信息数据获取能力大大提升，以及计算机、互联网的普及，测绘行业信息化加快推动了整个行业的转型升级。测绘应该由“地图生产者”转变为“信息整合者”、“信息提供者”，服务的领域由主要面对建设和管理向社会全方位拓展，如宏观决策、应急响应、众多行业部门应用、老百姓日常生活起居出行等。测绘地理信息工作者的形象由风餐

露宿的野外工作者，变成了虽艰辛但更是高技术高科技工作者。随着位置服务等大众地理信息消费的兴起，IT 行业跨界测绘地理信息领域已越来越普遍。

我们通过测绘信息化建设，尤其是“数字重庆”建设，在国家局和地方政府的有力支持推动下，在完善基础测绘成果的基础上，整合全市的各类专题信息，对全市范围海量综合信息进行了空间化集成处理，数据的整合 1 + 1 大于 2，而 1 + N 就成为了城市的大数据。到目前为止，我们以地理信息为载体已经整合了近四十个行业部门的数据，下一步可以更进一步拓展应用服务领域。推动全市地理信息资源的共享服务，为全市各级政府信息化管理、产业发展、基础设施建设提供了有力的地理空间信息服务保障和先进的技术实现手段。最近，我们在重庆市 25 项深化改革任务之一的“社会公共信息资源整合与应用工作方案”中获得三库之一的地理空间数据库以及四平台之一的政务共享平台建设两项任务，这是面向智慧城市建设的新机遇。

展望未来，我们将继续在以下几方面做出更大的努力。

第一，我们推出了一年多为公众服务的“每周一图”得到了社会公众的广泛好评，说明地图服务的空间很大。地图既是知识的载体，也是文化的载体，关键是我们怎么去发掘需求，去更接地气，在地图服务、位置服务方面我们还要继续努力。

第二，将地理国情普查做成常态的地理国情监测，既要将普查成果广泛应用，又要在体制机制上创新突破，确保适时更新的信息源源不断，提升信息整合和政务协同能力，为政府智能化决策提供支持。进一步提高全市综合信息集成化管理水平，提升地理信息公共服务能力，应用更多的移动终端技术提高政务服务的效能，为政府智能决策提供科学支撑。

第三，构建地理信息公共服务云平台，为智慧城市建设奠定基础。“数字重庆”实现了在线的城市“数字空间”，以此为基础，应用物联网、云计算、移动互联网等智能处理技术，建立重庆市地理信息公共服务云平台，实现对现实城市的全面感知和分析处理，对各种社会化需求作出智能化响应，为智慧城市建设奠定坚实的基础。

第四，积极探索地理设计，丰富地理信息学科的内涵，从技术层面开辟地理信息服务新领域，实现平台地理技术服务向地理科学服务的转变。在现有成

果基础上，探索实践地理设计方法，加大现代测绘与空间信息技术应用，丰富地理信息资源，优化基础空间数据管理模式，逐步解决信息安全、数据所有权、数据构成与采集标准等地理知识集成应用的各类难题，提供跨学科的分析成果，实现地理技术服务向地理科学服务的转变。

参考文献

闫博：《“数字城市”空间信息基础平台研究与设计》，华东师范大学出版社，2006。

王华、陈晓茜、祁信舒等：《关于数字城市建设模式的探讨》，《地理空间信息》2011年第9卷（第2期），第9~12页。

韩志君：《城乡数字鸿沟问题的解决与建设数字城市的必然趋势》，《科技风》2011年第9期，第241~242页。

林富明：《GIS在城市突发公共事件应急指挥系统的应用研究》，《测绘与空间地理信息》2009年第32卷（第3期），第31~33页。

袁超、罗灵军：《省级应急管理地理信息平台及实现技术研究——以重庆市为例》，《地理信息世界》2011年第9卷（第1期），第58~64页。

王家耀、宁津生、张祖勋等：《中国数字城市建设方案及推进战略研究》，科学出版社，2008。

王家耀、刘嵘、成毅等：《让城市更智慧》，《测绘科学技术学报》2011年第28卷（第2期），第79~84页。

李德仁：《从数字城市到智慧城市的理论与实践》，《地理空间信息》2011年第9卷（第6期），第1~5页。

B.5

转型·升级·跨越

——四川测绘地理信息事业转型发展之道

马 赟*

摘 要：

本文结合四川省测绘地理信息事业的现状，从环境、自身和趋势三个方面阐述测绘地理信息事业转型的需要。将发展理念、经济规模、产业架构、人才队伍、工作考核等五个方面作为转型的着力点和突破点。并以战略思维谋划转型，以科技创新驱动转型，以应用服务推进转型，以产业发展深化转型，以能力建设支撑转型，以服务民生激发转型，推动四川测绘事业和地理信息产业步入快速、健康、可持续发展的道路。

关键词：

转型 服务 创新 测绘地理信息

天府四川，资源禀赋独厚。四川作为资源大省、人口大省、经济大省，在测绘地理信息方面拥有强劲的需求和一流的专业队伍。截至2014年9月，全省共有测绘资质单位880余家，位居全国前列，其中甲、乙级资质单位170余家，从业人员3.6万，全省测绘地理信息生产总值连续三年呈现20%以上的高速增长，2013年约为60亿元。测绘地理信息工作逐渐融入和深入经济社会发展大局，与全省及区域改革发展的关联度、耦合度日益紧密，社会公众的熟知度与日俱增，产业发展加速集聚，渐入佳境。

改革、创新、转型、升级、跨越，是三十余年改革开放的重要经验启

* 马赟，四川测绘地理信息局局长、党组书记，高级会计师、注册会计师。

示。2011 年，中共中央、国务院出台《关于分类推进事业单位改革的指导意见》，四川省也于 2013 年出台实施意见，国家测绘地理信息局 2012 年形成的《测绘地理信息发展战略研究报告》和 2013 年《测绘地理信息发展蓝皮书》都对转型发展作了专门阐述。在 2014 年 7 月召开的全国测绘地理信息局长座谈会上，国土资源部副部长、国家测绘地理信息局局长库热西就深化改革发展专门作了详细阐述。随着党的十八大特别是十八届三中全会开启全面深化改革的大幕，我国正进入全面深化改革、全面建成小康社会的关键时期，全国测绘地理信息发展战略和四川省实施“两个跨越”、推动转型发展等战略对我们提出新的更高要求。如何进一步深挖潜力、增添活力，持续激发可持续前进的动力，成为当前四川测绘地理信息事业发展的重大现实课题。

一　审视当下，我们为何转型

随着工业化、信息化、城镇化、市场化加快推进，经济下行压力加大，经济增长新动力还未有效凸显，经济发展正进入增长速度换挡期、结构调整阵痛期、前期刺激政策消化期“三期叠加”阶段，从中央到地方都提出转变经济增长方式。改革发展、转型升级既是对中央精神要求的贯彻落实，也是测绘地理信息部门践行科学发展观、实现可持续发展的具体途径和重要转机，可谓内外结合的共同期许。

（一）从环境看，时代呼唤转型

在经济社会发展、信息化建设、国家安全稳定、突发事件应急处置和社会可持续发展中，测绘地理信息工作已经和正在发挥着越来越重要的作用。而地理信息产业发展、地理国情普查等重大部署，城镇化建设、优化国土资源开发格局、生态文明与美丽四川建设等所带来的新挑战新机遇，以及测绘地理信息管理部门更名以来各项工作的新突破新进展，都把测绘地理信息工作和事业发展提到了前所未有的新高度。时代需要四川测绘地理信息人适应新形势新要求，在新一轮改革发展中抢占新的制高点，承担新使命。

（二）从自身看，现状倒逼转型

在全省测绘地理信息事业加快发展的同时，一些困难和不足也逐渐显现出来。一是应用服务水平较低。测绘队伍体系主要还是以生产型和被动型为主，应用服务能力和主动服务理念还亟待增强，加之当前测绘产品种类相对较少，服务方式、服务手段相对单一，产品和服务与满足社会旺盛需求还有较大差距。二是信息化不足。现有测绘队伍体系是按照传统分工和测绘技术体系形成，队伍各自负责大地测量、地形测量、航空内外业测量、地图制图印刷、测绘成果档案管理等工作，信息化、网络化、智慧化缺乏，已不太适应测绘高新技术体系即信息化测绘技术体系的需要。三是创新能力不强。科技领军人才培养和创新团队建设成效不够显著，专业学科的高、精、尖人才缺乏，测绘地理信息技术向其他技术领域的渗透能力不强，核心技术、新技术开发应用不够，自主创新缺乏有力的政策法规支撑。四是产业集聚薄弱，全省 80% 以上的测绘资质单位是从事传统、单一测绘的丙、丁级单位，且分布较为分散，服务与应用模式单一、封闭，集团化、大企业严重缺乏，产业带动效应不够，抱团发展、集群发展不足。

（三）从趋势看，未来需要转型

改革发展对测绘地理信息的需求与日俱增：政府科学规划、重大决策迫切需要地理信息保障，突发事件应急处置和防灾减灾需要测绘与地理信息技术支撑，新兴消费热点需要测绘地理信息，加快全省信息化进程更亟须建立统一、权威的地理信息公共平台，地理信息产业发展也对地理信息基础支撑提出了迫切需求。因此，测绘地理信息工作要更好地发挥不可替代的作用，就必须向改革要红利，围绕“全力做好测绘地理信息服务保障、大力促进地理信息产业发展、尽责维护国家地理信息安全”三大方面，进一步找准工作定位，全面推进改革，促进转型升级、跨越发展，更好地服务大局、服务社会、服务民生。

二　面对未来，我们向何处转型

2012 年初，四川测绘地理信息局提出以事业带动产业、以应急深化应用、以规划促进转型、以科技支撑跨越，大力实施开放合作、平台带动、人才支撑和转型发展，各项工作成效显著。在重大项目带动上，扎实做好国家项目的同时，总投资6.5亿元的省“十二五”基础测绘发展规划正抓紧实施，省地理信息公共服务平台、数字城市、天地图·四川等重大项目稳步实施，地理国情普查工作全面开展。在产业推进上，《四川省人民政府办公厅关于促进地理信息产业发展的实施意见》于2014年6月13日出台，高起点高标准规划建设的西部地理信息科技产业园正加速推进并吸引省内外40多家龙头企业签约入驻。在创新驱动实施上，建设、启动国家局重点实验室2个、省级和局级工程技术研究中心2个，积极开展北斗导航与位置服务应用示范并成为省北斗产业联盟单位。

当前测绘地理信息事业处于千载难逢的战略机遇期和发展黄金期，在这样一个新起点谋划转型升级跨越，必须审时度势，找准突破点和着力点，应势应时而为。

（一）在发展理念上，要服务为先

引导全局和全省行业上下牢固树立转型发展、服务为先的理念，做到“三个一”，即秉承一个基调、坚定一条主线、保持一个定力。一个基调，即在四川测绘地理信息工作“以进促稳、领先发展”的基调下，把“立足四川、适应发展、主动服务、形成品牌，突出特点和核心竞争力”作为转型发展基调，做大做强“服务”这篇文章。一条主线，即测绘地理信息工作必须主动、全面深入融入改革发展大局，这是基本评估。一个定力，即保持事业的发展和领先发展，这是基本姿态。在这些理念引领下，坚持保障能力、经济总量、改善民生、文化建设“四个领先”及“十二五”期间全局生产总值和职工年均收入“两个翻番”的既定目标，大力推进近两年正在实施的开放合作、平台带动、人才支撑、转型发展“四大战略”。

（二）在经济规模上，要增容扩量

经济总量规模既是转型升级需要实现和迈过的阶段目标，也是未来发展的储蓄。在总量上，要做大盘子，尤其是持续加大对经济社会发展具有基础保障作用的基础测绘投入，不断促进测绘生产服务总值的增长，实现量的显著提升，形成规模效应，争取到“十二五”末实现全局测绘地理信息生产总值10亿元、全省超过80亿元，到2020年有更大的数量级提升。在增量上，要加快速度，确保经济总值增长高于同期全省经济增长率和全国测绘地理信息行业平均增长率，力争每年不低于15%。

（三）在产业架构上，要突出特色

按照“服务大局、服务社会、服务民生”的转型发展基本原则，坚持统筹兼顾、重在服务，以突出特点和核心竞争力的“一院一品”为抓手，优化资源配置方式和手段，形成优势品牌，努力构建创新型、主动型服务体系，实现“转方式、调结构、提能力、促发展”。一方面，加强传统主营业务领域，做大做强做实基础测绘和航空摄影、工程、地籍等测绘业务；另一方面，创新拓展服务形式和范围，深入开展地理国情监测分析、北斗导航与位置服务、地下空间探查与信息开发等应用研究，推陈出新；同时稳步推进事业发展所需的装备信息化、网络化建设，大力推动重点装备、高新装备应用。争取“十二五”末全省1∶1万基础地理信息覆盖率从40%提高到65%，“十三五”末达到80%，实现数据获取实时化、处理自动化和服务网络化以及基于网络的高度协同，全省测绘地理信息综合服务水平达到西部领先。

（四）在人才队伍上，要专业职业

人才队伍是具体承担事业发展大任的骨干力量，必须打造具有专业素养和职业精神的队伍。专业素养，就是要“专、新、钻”，即善于主动钻研，有专业态度、创新精神、冒险意识和孜孜以求、锲而不舍的劲头。职业精神，就是要熟悉测绘与地理信息的相关政策法规，对行业发展的研究和认识较深，能够经营好事业与产业，踏踏实实、一心一意干事创业。对我们来说，就是要在科技队伍上成就一批突出贡献专家、学术技术带头人和重大项目首席科学家，在干部队伍上打造职业化的发展规划人才、经营管理人才、后勤保障人才等专业人才梯队。

（五）在工作考核上，要凸显实绩

尊重市场经济规律，坚持于法周延、于事简便的原则，建立完善测绘地理信息工作的考核评价办法，实行分析研判与量化考核相促进、日常考核与年度考核相统一，科学设置考核评价内容，合理赋予考核评价权重。经济考核方面，做好年度经济目标责任考核，逗硬经济责任审计。文明考核方面，注重经济建设中心下的班子队伍、精神文化、和谐稳定等各方面的协同并进。

三　创新格局，我们如何转型

大风起于青萍之末，巨浪成于微澜之间。

转型升级发展不仅是方向和道路，更是循序渐进的系统工程，一定要遵循辩证唯物主义和科学发展观，坚持辩证、客观、实事求是的原则，找准结合点，把握交汇点，深入融入并顺应改革发展大潮，应势而为，谋势而动。

（一）以战略思维谋划转型

充分认识全面深化改革蕴涵的机遇，抓住经济发展方式转变、产业结构转移、区域合作等发展机遇，以战略思维把握先机。系统思维上，坚持全面协调、系统谋划、统筹推进，既从全省事业发展整体上，又从保障服务的各个层次、各个环节上深入思考，既对各项工作、各个业务领域齐抓共管，又要善于抓住主要矛盾和关键环节，集中力量抓大事、办大事、成大事。辩证思维上，坚持唯有发展才能实现转型升级并解决转型中的问题，唯有转型升级才能打开发展新局面。法治思维上，扎实推进测绘生产、统一监管、保障服务、改革创新等各项工作的管理体系和管理能力现代化，增强运用法治思维和法治方式解决实际问题的能力。底线思维上，认清红线，坚守安全、质量、民生和廉政底线，确保想干事、能干事、干成事、不出事。

（二）以科技创新驱动转型

创新研究方面，密切关注、跟踪科技前沿，学习研究先进理念和技术，促进地理信息技术与互联网、物联网等的融合应用，开展新业务拓展及应用研究并努力使之成为测绘地理信息部门的重要职能和常态化工作。创新平台方面，深化与兄弟省市管理部门、省级部门、市（州）政府和科研院所的纵、横向对接与战略合作，有效搭建起“产、学、研、用”相结合的创新平台，积极探索建设地面、地下各级各类地理信息数据资源的时空信息云平台。创新保障方面，完善科技研究、技术创新、成果应用的政策体系，打造专业的科研创新团队，研究建立面向全社会的、开放式的四川测绘地理信息事业创新基金。以局属单位为例，就是要以“一院一品”为抓手，调整生产组织形式，通过组建重点实验室、工程中心、研发中心，沉淀技术、管理和成果，提升核心竞争力。

（三）以应用服务推进转型

坚持需求引领、凸显价值，充分履行测绘地理信息部门职能，推动地理信息服务从地图制造向信息整合转型，从数据生产向信息服务和知识发现升级，动态、实时定制和提供地理信息。一个是基础地理信息成果应用服务，即发挥天地图·四川、数字城市等基础地理信息平台效能，开展在线地理信息服务、卫星导航位置服务，开展动态、常态化的地理省情市情县情监测分析。一个是应急测绘保障服务，形成以省局为主导、市州或片区为支撑的“1+X”保障体系。省级层面，突出抓好“六个一”：落实一个规划，即国家“十二五”应急规划；建设一支队伍，即省测绘应急保障队伍；加强一个支撑，即测绘科技支撑；做好一个工程，即应急测绘大飞机工程；建立一个平台，即地理信息数据交换平台；筹划一个项目，即北斗卫星应用及地质灾害监测项目。地区层面，主要是结合本地实际，增强应急测绘保障意识，协同提升应急测绘保障服务能力。

（四）以产业发展深化转型

在经济发展方式转变上，优化生产力布局，推动测绘地理信息单位由单一的事业、企业发展向企事业和产业并重转型，探索事业单位核心技术和优质资产公平参与市场竞争。在产业园区建设上，下大力气建设好西部地理信息科技产业园，建设“一园一中心一基地三平台”，优化上中下游产业链布局，推动省、市、区联动，做好招商引资、招商选资，发挥规模效应，推动集群、联动发展，打造“产城一体、高端发展”的现代化新城区。力争五年内建成全国一流、西部领先的地理信息产业园，并争创省级产业示范基地；到2020年，实现产业集聚效应明显、品牌效应突出的地理信息产业基地，年产值突破100亿元，带动相关服务业产值突破1000亿元。在产业发展平台打造上，研究建立地理信息产业协会或产业发展联盟，推动建立全省地理空间信息交换中心，积极探索产业可持续发展模式，促进交流共享。

（五）以能力建设支撑转型

显著提升新型多源遥感影像获取与数据处理、灾害应对与应急测绘、卫星导航与位置服务、地理信息动态更新与地理国情监测等四大能力，形成核心竞争力，努力当好“两个跨越”的先行者、美丽四川建设的支撑者、全面小康社会的服务者。围绕提升新型多源遥感影像获取与数据处理能力，争取财政投入和专项建设立项，积极组建四川省航空航天影像处理与应急监测中心，研发航空应急数据快速获取系统、多源影像快速处理系统。围绕提升灾害应对能力，加快测绘应急保障人才、装备、科技等体系的建设，研究制定技术标准，提升响应速度和保障效率、质量。围绕提升卫星导航与位置服务能力，大力推进北斗卫星导航与位置服务应用示范和产业化发展，做好旅游、运输应用示范和地质灾害应用示范。围绕提升地理信息动态更新与地理国情监测能力，狠抓落实“十二五”基础测绘发展规划和重大项目，组织实施好地理国情普查与监测工作，推广地理国情监测分析与应用。

（六）以服务民生激发转型

坚持群众路线，转变工作作风，紧紧把握“事业得发展、群众得实惠”这一转型发展的出发点和立足点，全面落实改革发展为民，激活转型发展内生动力。在服务民生认识上，坚持群众利益至上、发展成果让群众看得见和改革红利在群众中落实的导向。在服务民生基调上，恪守改革发展为民的理念，从群众最满意的地方做起、从群众最不满意的地方改起，最大限度维护好群众利益，做到事业得发展、群众得实惠。在服务民生利益关系上，处理好私利和公利、小利和大利、近利和远利的关系。在服务民生重点工作上，坚定改革发展为民的方向，从全局层面来说，积极落实生产总值和职工收入“倍增计划”，把群众利益维护发展好；从全省的层面来说，提升应急保障体系，把人民群众生命财产安全保护好；从全社会的层面来说，推动地理信息产业发展，把社会大众的民生需求服务好。

潮平两岸阔，风正一帆悬。

乘着全面深化改革的绝佳东风，务实勤勉、锐意进取的四川测绘人将在改革发展的大潮中乘势而上，凝心聚力，克难奋进，推动全省测绘事业和地理信息产业步入快速、健康、可持续发展之路！

体制机制篇

Organization and Mechanism

B.6 测绘地理信息转型升级与法治建设

王保立*

摘　要：

本文从测绘地理信息转型升级所具备的良好基础出发，分析转型升级所面临的挑战，提出加快测绘地理信息转型升级的几点思考：推进科学民主立法，奠定产业发展根基；深化行政审批改革，提高政府行政效能；创新事中事后监管，促进行业健康发展；完善执法体制机制，维护国家安全利益。

关键词：

测绘地理信息　监管　转型升级　法治建设

党的十八届三中全会作出了全面深化改革的重大战略部署。习近平总书记指出，2014年是全面深化改革的元年，要真枪真刀推进改革，为今后几年改

* 王保立，国家测绘地理信息局法规与行业管理司（政策法规司）司长，高级工程师。

革开好头。当前，全面深化改革正在经济、政治、文化、社会、生态文明、党的建设等重点领域向纵深推进并取得成果。各地区各部门认真贯彻中央精神，相继推出改革具体举措。测绘地理信息行政主管部门如何紧紧围绕党和国家工作大局，在全面深化改革的历史潮流中破浪前行，加快实现转型升级，是摆在我们面前的一项重要政治任务。十八届三中全会提出加快生态文明建设、加强自然资源资产管理、加快转变经济发展方式、加快转变政府职能等重大举措，为测绘地理信息实现转型升级指明了前进方向，提供了历史机遇。加快测绘地理信息转型升级，推动测绘地理信息工作在服务大局、服务社会、服务民生中进一步找准目标定位，实现精准发力，完成时代赋予的改革发展任务，具有十分重要的意义。

一　测绘地理信息转型升级具备良好的基础

近年来，国家测绘地理信息局党组确立了“构建智慧中国、监测地理国情、发展壮大产业、建设测绘强国”的总体战略，全力推动基础测绘建设、三大平台建设、科技创新和人才队伍建设等在法治的保障下不断取得新成绩，测绘地理信息工作的作用和地位不断彰显，地理信息产业保持快速发展势头，市场预期持续向好。特别是在法制建设、行业管理、监管执法等方面，取得了明显进展。

一是建立了以“一法四条例六规章”为基础框架的测绘地理信息法律体系。2014 年，《中华人民共和国测绘法》修订列入国务院立法计划，《地图管理条例》已报国务院审议。国家局开展法规制度的立改废工作，各省局及时制定或修订一批地方法规，一些地方在三大平台建设、测绘市场管理、促进产业发展等方面加快立法，取得一批制度成果。

二是按照国务院关于深化行政审批制度改革要求，国家局已上报取消 3 项行政审批（即基础测绘规划备案、测绘行业特有工种职业技能鉴定、采用国际坐标系审批），下放 1 项行政审批（即拆迁永久性测量标志或者使永久性测量标志失去效能审批），取消和下放比例达到 36%。

三是国家局修订出台新版《测绘资质管理规定》和《测绘资质分级标

准》，进一步简政放权，宽进严管，激发市场活力，壮大行业规模。截至 2014 年 9 月，全国共有测绘资质单位 14942 家，其中，甲级 843 家，乙级 2606 家，丙级 5038 家，丁级 6455 家。从业人员总数 32.86 万人。民营测绘资质企业总数为 7680 家，占测绘资质单位总数的 51.4%。22 家测绘资质企业已在国内外上市。

四是国家局制定测绘地理信息市场信用管理办法和评价标准，指导地方开展测绘项目招投标和监理试点工作。印发《关于做好地图出版社转制后测绘资质管理工作的通知》，促进地图出版社改制平稳过渡和发展。举办 6 期由甲级测绘单位负责人参加的中欧测绘技术与产业发展高级研讨班，搭建服务平台，提升发展后劲。

五是国家局联合相关部门开展全国地理信息市场专项整治行动，依法打击涉外、涉军、涉密、涉网、涉证等违法行为。与国家安全部、国家工商总局建立了测绘地理信息执法协作工作机制，联合国土资源部加强农地确权涉军测绘监管，指导地方查办重大测绘地理信息违法案件。

六是联合省级人民政府每年开展测绘法宣传日主场活动，效果良好。国家局在人民大会堂召开《测绘法》修订十周年座谈会，举办测绘地理信息法治建设成就展，配合中央电视台制作播出反映涉外非法测绘活动的电视节目，制作测绘普法宣传片并被全国普法网登载，出版《测绘地理信息法律法规知识问答》，普法工作成效明显。

二　测绘地理信息转型升级面临新的挑战

全面深化改革是一项庞大的系统工程，涉及思想观念的变革、管理手段的创新、工作方式的调整、服务模式的转变、素质能力的提升等。完成改革的各项任务，不可能一蹴而就，也不能裹足不前，要积极稳妥地推进。十八大报告指出，提高运用法治思维和法治方式深化改革、推动发展的能力。十八届四中全会首次将“依法治国”定为主题。当前，党中央国务院对测绘地理信息工作提出新要求，科技进步和产业发展倒逼我们改进和创新管理服务方式，测绘地理信息转型升级面临新的问题和挑战。

一是思想观念的挑战。长期以来，“重事业轻行政”“重审批轻监管”“重他律轻自律”“重政府监管轻社会共治”等观念不同程度地存在。2011 年以来，国家局和各省局相继更名为测绘地理信息局，国家层面出台促进地理信息产业发展的利好政策。单位名称和职责的调整，深刻反映出测绘地理信息部门已由专业化领域走向经济社会主战场。当前，测绘地理信息部门肩负着做好服务保障、促进产业发展、维护国家安全的重任。我们深刻认识到，基础测绘是事业之基，依法行政是立局之本，二者相辅相成，不可偏废，只有“两个轮子一起转”，才能推动地理信息产业驶上科学发展的快车道。

二是履职能力的挑战。当前，我们对测绘地理信息工作的政策研究还不够、配套法规制度不完备、监管和执法能力不强、行政管理人员法律素养有待提高，这与保障地理信息产业发展的要求不完全适应。因此，要着力提高立法、行业管理和监管执法水平，做到依法决策的科学性、依法管理的规范性和依法办事的高效性。依法决策，即加强科学民主立法，提高法规制度的生命力，严格按照现行法律法规和程序办事，避免盲目决策、随意决策。依法管理，即在行政许可、市场监管、行政执法中，进一步转变政府职能，简政放权，宽进严管，严格公正规范文明执法，化解矛盾，促进和谐，维护行业整体利益。依法办事，即机关工作人员要不断加强新知识学习，提升自身业务能力和法律素养，做到懂法律、知测绘、晓市场、会管理，从容应对新形势的挑战。

三是管理方式的挑战。随着物联网、车联网、云计算、大数据与测绘技术深度融合，以互联网地图服务、移动位置服务、街景地图、倾斜航摄、无人机航摄等为代表的新型业态迅速兴起，成为驱动地理信息市场的新兴力量，地理信息产业呈现市场主体多元化、投资模式多样化、服务内容网络化、服务对象大众化等新特征。大众地理信息时代的到来，使测绘地理信息违法行为呈现领域多样化、手段隐蔽化、技术智能化、危害长远化等新特点。与之相对应，测绘地理信息监管手段单一，采用静态化监管方式，难以持续发现和解决问题；管理对象尚未覆盖地理信息产业链的上、中、下游，监管层级偏高，主要集中在国家和省一级，市县部门监管力量尚未得到充分发挥；执法机构弱小、分散，总体处于单打独斗、条块分割的局面，尚未形成体制健全、统筹联动的综合监管执法工作格局。

三　加快测绘地理信息转型升级的思考

新形势下，加快测绘地理信息转型升级，关键是坚持问题导向，找准定位，分类施策。要着力提高法治保障水平，优化发展环境，建设统一开放、竞争有序、诚信守法、监管有力的市场体系，重点做好以下四个方面的工作。

（一）推进科学民主立法，奠定产业发展根基

立法工作是履行各项行政管理职责的根本依据，要进一步转变思路，深化立法改革。

一是加快立法步伐。习近平总书记对法律与改革的关系作出指示："凡属重大改革要于法有据，需要修改法律的可以先修改法律，先立后破，有序进行。"这就是说，要发挥立法在整个法治建设全过程中的基础作用，做到先立法、再推行，改变以往先破后立的立法模式。要做好测绘地理信息立法的统筹规划，加强顶层设计，健全相关制度。当前，要围绕党和国家领导重点关注和测绘地理信息领域的突出紧迫问题，全力推进《测绘法》修订工作，加强市场监管，促进产业发展。要对地理信息安全、地理国情监测、地理信息应用、测绘应急保障、海洋测绘等重大问题进行认真研究，拓宽立法视野，集中立法资源，加快立法步伐。

二是提高立法操作性。按照中央要求，立法时能具体则具体，能明确则明确。要继续扎实做好测绘法配套法规制度的立改废工作，该制定的制定，该修订的修订，该清理的清理。凡与上位法不冲突、能够写明的内容，在制度条款中予以明确。同时，要加强立法调研，摸清产业发展现状和存在问题，充分掌握大量一手情况材料并加以总结提炼，确保所制定的法规制度接地气、真管用。

三是提高立法质量。测绘地理信息立法专业性强、涉及面广，仅靠闭门立法无法保证质量。要坚持科学民主立法，完善立法工作机制，充分听取系统、行业以及相关部门的意见，充分发挥公众参与和立法专家智库的作用，不断增强立法透明度，广发听取民意、吸纳民智。要有效整合高等院校、科

研院所的研究力量，利用政府采购等形式，广泛搜集国内外相关立法材料，深入开展比较研究、实证研究，为立法工作提供有力支撑。要探索开展测绘地理信息立法的前评估工作，在审议法规制度前，增加评估程序，邀请有关专家学者对制度出台的时机、社会效果和可能出现的问题等进行论证，提高立法的科学适用性。

（二）深化行政审批改革，提高政府行政效能

2013 年 3 月以来，国务院加快推进行政审批改革步伐，目前已经取消和下放 600 多项行政许可。按照中央精神，深化测绘地理信息行政审批改革，要继续做好相关工作。

一是提出后续跟进措施。按照国审办“同步研究，同步提出，同步跟进，同步落实到位”要求，对取消和下放的行政许可事项，及时制定后续具体管理措施，确保不缺位、不越位、管到位，使行政审批改革平稳过渡，做到放活不放任，放权不放责。要及时修订现行测绘行政许可程序规定，做好相关工作对接。

二是规范行政审批行为。对于保留的行政许可事项，按照国务院“公开透明、便利高效、程序严密、权责一致”要求，制定规范行政审批行为的工作计划，优化审批流程，缩短审批时限，规范自由裁量权。探索实施测绘行政许可“负面清单”管理，进一步弱化行政审批，放权给市场，放权给社会和中介组织，对事中和事后监管确实解决不了的问题，纳入负面清单管理，使政府部门“法无授权不可为”，市场主体“法无禁止即可为”。

三是提高信息化管理水平。要进一步完善国家局行政审批信息化建设机制，抓紧实现全部行政许可项目集中到局政务大厅统一受理的模式，逐步推动国家局全部行政许可实现在线办理，提供一站式审批服务和数据共享应用。要抓紧建设内外网有机衔接、统一综合的电子政务和市场监管平台，探索利用大数据技术基于该平台进行市场监管。

（三）创新事中事后监管，促进行业健康发展

十八届三中全会决定指出：“发挥市场在资源配置中的决定性作用和更好

发挥政府作用。”2014 年 7 月，《国务院关于促进市场公平竞争维护市场正常秩序的若干意见》印发，这是自改革开放以来国务院首次系统完整地提出完善市场监管体系的顶层设计。在用好市场无形之手的同时，必须用好政府有形之手，做到“法有规定必须为”，落实市场主体责任，加强市场行为风险监测分析，根据风险程度提高监管强度，增强市场约束力，促进公平竞争。

一是加强日常监督检查。建立测绘资质年度报告公示制度。要求测绘资质单位按年度报告本单位守法诚信经营、单位基本信息和重大股权变化情况等，并在测绘地理信息行政主管部门网站公开“晒承诺”，任何单位和个人均可查询，降低单位成本，强化社会监督。建立测绘资质巡查制度。国家局做好指导和抽查，各省局负责具体实施，通过不定期巡查来提高监管频次，形成快速发现、快速响应、快速处理的工作机制，充分发挥地方测绘地理信息管理部门熟悉情况、贴近基层等优势。研究对外资通过上市、并购、协议控制等形式进入测绘地理信息行业的，联合有关部门实施安全审查。

二是加强市场信用管理。按照党中央国务院关于诚信体系建设的指示精神和国家局党组关于加快推进信用管理工作的要求，建立健全测绘地理信息市场信用体系，促进市场公平。要修订完善符合测绘地理信息行业特点的市场信用管理制度和评价标准，搭建信用管理网络平台，开展信用征集和评价发布工作。要强化对测绘资质单位的信用监管，探索建立测绘资质单位“经营异常名录”，对违背市场竞争原则的市场主体建立“黑名单”制度，对严重违法失信主体实行市场禁入制度；对诚实守信的市场主体，在市场准入、招标投标、评先树优等方面予以照顾，形成守信激励、失信惩戒的工作机制，营造良好信用环境。

三是加强市场招投标管理。针对当前测绘地理信息市场存在的虚假招标、明标暗定、串标围标陪标、阴阳合同等问题，在厘清工作职责、加强部门协调、深入调查研究的基础上，加快制定测绘地理信息市场招投标管理办法，确立符合测绘地理信息行业特点和公平竞争原则的评标方式。通过对测绘地理信息市场及其交易行为的监督、规范和引导，规范招投标活动，促使测绘项目价格趋于合理，转包和违法分包得到有效遏制，市场环境不断净化。

四是发挥行业自律作用。按照党中央国务院关于推进行业组织有序承接政府职能转移要求，充分发挥测绘地理信息学（协）会的桥梁纽带作用，协助做好行业管理工作。探索通过学（协）会对违规市场主体实行行业内警告、通报或公开谴责等管理方式，加强事后惩戒力度。制定测绘地理信息行风建设准则，倡导行业自律，弘扬新风正气，传递产业发展正能量。充分运用学（协）会的优质资源，委托开展相关业务培训和促进产业发展的政策研究，扩大行业管理的辐射面和影响力。通过建立政府监管、行业自律、社会监督的共治格局，实现市场监管效能最大化。

（四）完善执法体制机制，维护国家安全利益

“徒法不足以自行”。加强和改进行政执法工作，对于保证测绘法律法规制度的有效实施，维护正常市场秩序，保障地理信息安全，增强全民法律意识，具有重要意义。

一是完善执法体制。按照中央要求，市场监管原则上实行属地管理，执法重心下移，由市县政府负责，推进综合执法，不能多层、多头执法。要积极推进综合执法，测绘地理信息行政管理职能在国土资源部门的，明确国土资源部门的执法监察机构履行测绘地理信息行政执法职责。履行测绘地理信息行政执法职责的各级国土资源部门中，负责测绘地理信息行政执法的人员，经培训、考试合格后，领取测绘地理信息行政执法证。要逐步理顺国家测绘地理信息局内部监管与执法的关系。

二是加大执法力度。要建立健全与国家保密、工业和信息化、新闻出版、军队等部门各司其职、各负其责、相互配合、齐抓共管的联合执法工作机制，加强执法信息资源的共享应用。要指导市县测绘地理信息行政主管部门采取专项执法、重点执法、定期执法等相结合的方式，使执法工作制度化、常态化。要加大对测绘地理信息违法行为的查处力度，曝光违法典型案件，发挥警示震慑作用。要加强行政执法制度建设，规范行政处罚自由裁量权，建立行政执法错案追究和评议考核制度。要加强基层执法人员专业培训和业务考核，提高人员素质。要落实财政保证执法经费制度，配备调查取证、数据传输、证据固化、检验检测、应急通信等现代化执法装备，提高执法能力。

三是加强法制宣传。做好法制宣传是传播法律知识、弘扬法治精神的重要

途径。要不断提高测绘地理信息法制宣传的广度和深度，讲好法治故事，传播法治好声音。要以测绘法宣传日为重要平台，开拓新阵地、新载体，采取行业单位和社会公众喜闻乐见的形式，提升测绘地理信息法制宣传教育的吸引力、生命力，增强全民地理信息安全保密意识，促进形成全社会尊法、学法、守法的良好氛围。

B.7

坚持改革创新　加强统一监管 加快促进测绘地理信息事业转型升级

高振华*

摘　要：

本文结合江西局测绘地理信息统一监管的实际成效，分析了当前统一监管面临的形势和突出问题，研究探索从加强体制建设，建立统一的测绘地理信息行政管理体系；加强制度建设，研究适应市场化发展需要的质量管理模式；加强安全监管，建立联动机制，切实提高测绘统一监管行政执法力度；转变职能，简政放权，提供明确、规范、高效的地理信息服务；加强信息资源共建共享，促进经济社会和谐发展这五个方面提升测绘统一监管水平，加快促进测绘地理信息事业转型升级。

关键词：

统一监管　依法行政　改革创新　转型升级

近年来，随着地理信息技术的迅猛发展，测绘地理信息行业在服务经济社会发展、服务政府科学决策、改善民生、应急救灾等方面发挥了越来越大的积极作用。2007 年国务院办公厅《关于加强测绘工作的意见》指出，加强测绘统一监管，要从健全测绘行政管理体制、完善测绘法规和标准、加强测绘成果管理几个方面着手。2014 年国务院办公厅《关于促进地理信息产业发展的意见》再次明确要坚持规范监管与广泛应用相结合。加快形成规范有序的地理信息市场秩序，加强安全监管，在维护国家安全的前提下，积极推进地理信息

---

* 高振华，江西省国土资源厅党组成员，江西省测绘地理信息局局长，高级政工师。

公共服务平台建设，促进地理信息高效、广泛利用。2014年，国家测绘地理信息局局长库热西提出测绘地理信息工作在国家改革发展大局中的三大定位和五个方面的改革，其中包括："要深化测绘统一监管改革，要牢固树立法治理念，坚持依法行政，改革测绘统一监管模式和手段，更好地发挥政府作用，切实提升运用法治思维和法治方式履行职能、深化改革、推动发展的能力，促进测绘地理信息市场公平竞争，维护市场正常秩序，保障国家地理信息安全。"这就要求江西局要更加认清形势，把握机遇，乘势而上，有所作为，进一步推进测绘地理信息事业新发展。

一　当前面临的形势

从经济社会发展的宏观来看，江西省经济仍处于重要战略机遇期，保持经济稳中有进的总基调没有变。党和国家高度重视测绘地理信息工作，党的十八大报告把生态文明建设放在更加突出的位置，明确提出优化国土空间开发格局，强调要着力增强创新驱动发展的新动力，这些任务里面都包含着测绘地理信息工作，而测绘统一监管为测绘地理信息事业健康快速发展提供了坚强的组织和法制保障。

（一）法律法规逐渐完善

2002年修订的《测绘法》为健全完善测绘地理信息管理体制奠定了坚实的基础，明确了测绘地理信息统一监督管理体制。确立了从中央到地方的四级管理体系，强化了测绘行政管理机构的统一性原则，推动了测绘地理信息工作在市、县的落实。2005年《江西省测绘管理条例》修订出台，2009年省政府颁布《江西省测绘成果管理办法》，江西局相继印发了十多个测绘规范性文件，测绘地理信息管理法规体系日趋完善。

（二）体制机制逐步健全

地方测绘地理信息行政管理体制建设成效显著，市、县管理机构80%以上得到落实，职能日渐强化。2011年江西局由原"测绘局"更名为"测绘地

理信息局”，并新增三项职能，使测绘管理职能更加明确，管理机构不断加强。测绘地理信息管理体制机制的健全，凸显了地理信息在国民经济和社会发展中的重要作用，进一步提升了测绘地理信息部门的地位。

（三）市场监管能力逐渐提高

测绘地理信息服务领域不断扩展，实行适度宽松的市场准入政策；建立测绘地理信息市场信用信息管理制度；探索建立测绘资质巡查制度；地图审核和地图监管进一步规范，与15个厅局建立了稳定的联席会议制度；质量监管的手段和能力逐年提高；行政许可不断规范，行政执法力度不断加大，各级测绘地理信息行政管理人员法律意识明显提升。

二 存在的突出问题

近年来，测绘地理信息法律体系逐渐完善，测绘地理信息行政执法硕果累累，地理信息市场监管能力大幅提升，可是还存在一些问题。

（一）测绘地理信息行政主体身份不明导致执法缺位

《测绘法》明确规定，县级以上人民政府负责管理测绘工作的行政部门负责本行政区域测绘工作的统一监管，确定了测绘主管部门的“行政部门”性质。但当前，江西省测绘管理主体还有一部分不是行政机构，部分市、县级测绘地理信息管理机构属于事业单位，不符合国务院关于全面推进依法行政的要求。江西局主要承担的是行政管理职能，但长期以来为参照管理公务员法管理的事业单位。这种职能定位与单位身份不相符合的模式，给测绘地理信息工作带来较大困扰，经过多年努力，经中编办批准，今年江西局终于解决了行政机构性质。

（二）测绘地理管理机构管理模式多样导致运行不畅

江西省11个设区市中，有10个测绘管理机构归口国土部门，1个归口规划部门。这种管理格局，一方面造成地理信息部门与国土、建设部门的业务重

叠和职能交叉。另一方面由于分管部门和管理模式的多样，造成职责不明，人员缺位的状况，特别是市、县级测绘行政管理职能不能完全落实到位，统一监管力度薄弱。

（三）测绘地理信息管理职能体系发展滞后

测绘工作重心大多仍专注于系统内部，没有随着市场经济的发展逐步转变为以市场为主体，以提供基础地理信息服务为导向的职能方面来。面对新形势、新问题，统一监管难度加大。“十三五”规划开始后，深化体制改革的要求将更加迫切，如何建立健全现有的管理体制，探索新的发展模式，对测绘地理信息事业发展意义重大，现有的体制机制显然已不能完全适应时代发展的客观要求。

（四）测绘市场活动有效监管能力尚需提高

由于测绘成果特别是涉密成果的社会化应用水平不断提高，部分行业对测绘地理信息资源的垄断，相关监管政策和配套措施的不完善，各有关部门之间沟通衔接的信息不对等，使统一监管的管理难度和范围加大。测绘市场的繁荣与有效监管之间存在尖锐的矛盾。目前，在房产测绘、中介服务、质量检查、测绘项目招投标、测绘项目转包和分包等许多领域都存在管理盲点。

三　创新思路和方法，加大改革力度，努力促进测绘地理信息行业健康快速发展

尽管测绘统一监管的水平逐年提高，但是存在的问题和矛盾日益凸显，按照党的十八届三中全会精神和测绘地理信息市场化发展的客观要求，加强测绘统一监管，坚持改革创新，是做好测绘工作的基础，也是实现测绘地理信息事业转型升级跨越发展的有力保障。近年来，江西局按照全面深化改革的要求，切实履行测绘地理信息统一监管职能，巧用“加减”法，把该管的事坚决管好，把不该管的事坚决移出去。强监管、提效率、上台阶，积极探索加强测绘统一监管的有效方法，取得了显著成效。

（一）加强体制建设，建立统一的测绘行政管理体系

整合现有的资源优势，积极推进事业单位改革，将现有的事业单位分成承担行政职能、从事生产经营活动、从事公益服务的事业单位三个类别，其中从事公益服务的事业单位又细分为公益一类和二类。明确管理机构性质，落实管理职能，提高管理效率，推进依法行政。江西局采取“上下联动，内外结合”的方式，以当地测绘行政主管部门主动向党委政府汇报，沟通协调编办为主，以局领导分组带队深入基层调研落实为辅，促进管理体制的健全完善。目前，在事业单位分类改革中，江西局经积极争取，局机关确定为行政机构，局属7个单位认定为公益一类事业单位，1个单位认定为公益二类事业单位，正在按程序批复中。江西省测绘地理信息行政管理职能全部落实到位，南昌市配备了副县级的测绘管理办公室主任。县级机构建设取得重大进展，大余、万安等6个县成立了副科级测绘地理信息局，配备了干部，下达了编制，其中最多的一个县配备了7名编制，在他们的示范下，其他县（市）也正在积极把测绘管理办公室变更为测绘地理信息局。江西局还专门筹措资金奖励县（市）副科级测绘地理信息局。

（二）加强制度建设，研究适应市场化发展需要的质量管理模式

测绘地理信息部门要积极融入社会经济发展的主战场，就要努力发挥第三方监管作用，积极制定相关政策、措施，既要充分发挥市场在资源配置中的决定性作用，又要进行有效的质量监管和过程控制。江西局制定了《江西省测绘地理信息质量管理办法（试行）》，改质量管理体系前置性许可为事后考核，充分发挥各经济主体的自身优势，首次采用在仪器检定证书上加盖二维码防伪标识的做法，极大地提高了测绘资质审查中对仪器检定证书真伪性的辨别率。通过开展质量监督抽查试点，对不合格项目，深挖根源，责令整改。开展测绘项目质量认可工作，通过举行质量管理培训班等形式，多管齐下，多措并举，全省测绘单位质量管理意识普遍提高，质量管理力度和水平大为提升。

（三）加强安全监管，建立联动机制，切实提高测绘统一监管行政执法力度

测绘地理信息资源的社会化应用为社会经济的发展提供了及时有效的基础服务，但也造成了执法难度的加大。这就需要整合政府和社会各界的力量，进一步强化安全监管力度，建立多级联动、部门协作的网上地理信息安全监管机制，打造地理信息安全监管一体化平台，形成以国家监控中心为主体、省级监控中心为骨干的安全监控网络，加强各部门的沟通与合作，切实提高行政执法力度。近年来，江西局联合保密、国安、公安、国土、工商、出版、军区等部门开展了多次专项行动，对测绘与地图市场、成果保密、互联网地图、网上地理信息服务等进行了统一执法检查。先后查处了上饶市一测绘单位测绘成果弄虚作假案、赣州优利玛工艺有限公司生产出口日本的“拼图地球仪”、水务部门违反涉密资料管理规定等10多起案件，进一步规范了市场秩序，提升了测绘部门的地位和作用。在成果保密检查中，发现某厅下属单位多次违规出售涉密测绘成果，并掌握其违规出售7000余张涉密地图的违法证据，该厅领导意识到事态严重，主动承认错误并进行整改，在全系统举办涉密成果保密培训班，保密意识显著增强。

（四）转变职能，减政放权，提供明确、规范、高效的地理信息服务

作为测绘地理信息行政主管部门，应当更多的履行好行政管理职能和保障服务职责，要充分发挥市场的资源优势，把一些技术性和政策辅助方面的工作交给公益性事业单位，把服务性的工作交给社会团体，把一些经营性活动交给企业，要以服务型政府为导向，提供明确、规范、高效的基础地理信息服务。江西局通过精简审批事项、缩减办事时间、提高工作效率等方法，对行政审批事项进行清理，梳理了行政执法依据和执法职权，完善了委托实施行政审批事项的委托手续及审批程序规定，各项行政审批事项得到进一步规范。采取特事特办、急事急办，对实施的行政审批事项的审批时限，在法定时限基础上缩减近50%。印发了《测绘行政许可文书格式样本》。印发了《江西省测绘地理信

息项目备案办法》，在全国率先实现测绘项目网上备案，以数据电文的方式，实行在线办理，简化了备案手续和上报材料，2013 年共备案 1094 项，比前三年备案总数还多。除网上资质审批外，江西局还将投资 350 万元建成“测绘成果管理网络分发服务系统”，在阳光行政的同时，使群众享受更方便快捷的服务。

（五）加强信息资源共建共享，促进经济社会和谐发展

地理信息事业是新兴的高科技产业，现代化地理信息事业的发展迫切要求我们加大资源整合力度，通过统一监管的方式避免信息不对等甚至信息孤岛，扩大地理信息成果的应用范围，使地理信息真正成为国民经济快速发展的有力支撑。近年来，江西局积极推动省政府出台了《关于加强全省航空航天遥感影像资料统一管理的通知》，会同省财政厅制定了《江西省航空航天遥感影像管理规定》，收集了全省 31 家省直、地市单位反馈航空航天遥感影像的需求，据统计：分别采购所需资金为 12. 9 亿元，若改为统一采购、统筹安排，只需近 9000 余万元，节省财政资金达 90% 以上。投入资金近 5000 万元建成全省地理信息公共服务平台，省委书记强卫亲自批示：“祝贺全省地理信息公共服务平台顺利建成，希望其在服务全省经济社会发展中发挥积极作用。”省长鹿心社在地市调研时指出，“地理信息公共服务平台是全省权威、统一、唯一的公共服务平台，各地信息化建设基础平台必须采用省测绘地理信息局的公共服务平台”。目前，已为省税务、水利、公安、应急、地震等 20 多个部门提供应用服务，受到一致好评。投入 3500 万元，建设江西省首个现代化测绘基准体系，形成高精度、三维地心、实用的现代测绘基准体系，可实现与国家一等水准成果同期观测、整体平差，从根本上解决江西省测绘定位的基准问题。大力加强测量标志保护维护工作，开发“测量标志管理信息系统”，集数据采集、成果管理、网上在线查询、成果数据申请等多项功能，实现全省测量标志数据获取实时化、处理自动化、服务网络化、应用社会化等。大力发展地理信息产业，促进江西省地理信息资源的集中、融合和规模化发展。江西省地理信息科技产业园项目已正式签约落户南昌小蓝国家级经济技术开发区，目前产业园初步确定项目合作投资主体单位，产业园规划设计方案基本完成。

随着各领域改革的不断深入，测绘地理信息工作与政府管理决策、企业生产运营、人民群众生活的联系将更加紧密，各方面对地理信息服务保障的需求将更加旺盛，测绘地理信息发展将更加直接地融入经济社会发展主战场。因此，江西局要以市场为导向，以加强测绘统一监管为抓手，以数字江西、天地图·江西、地理国情普查等为抓手，重新定位服务方式，提升服务能力，充分发挥测绘地理信息的基础保障能力，促进地理信息事业转型升级跨越发展，努力提升测绘地理信息部门的社会影响力。

B.8

新时期测绘地理信息监管面临的挑战与转型思考

刘 利*

摘 要：

本文分析了我国测绘地理信息监管的内容、主体、对象、方式、制度等基本情况，深入剖析了当前我国地理信息监管正面临国家安全战略实施、产业发展、技术变革等带来的对监管主体、工作模式、监管方式、监管能力等方面的严峻挑战，研究提出了当前测绘地理信息监管理念、手段和方法的转型思路。

关键词：

测绘地理信息监管 形势 挑战 转型

监管是政府的重要行政职能。做好测绘地理信息监管，保障地理信息安全，维护公平竞争的地理信息市场秩序，为测绘地理信息成果质量保驾护航，是国家赋予测绘地理信息行政主管部门的重要职责。当前，信息安全被提到更高的高度，作为战略性新兴产业的地理信息产业迅速发展，地理信息技术日新月异，为测绘地理信息监管提出了新的要求，迫切需要转变监管思路。

一 测绘地理信息监管基本情况

（一）测绘地理信息监管内容

我国测绘地理信息监管内容主要分为地理信息安全监管、地理信息市

* 刘利，国家测绘地理信息局测绘发展研究中心，博士，副研究员。

场秩序监管和测绘地理信息成果质量监管三个方面。地理信息安全监管主要是对涉密地理信息的获取、存储、传输和应用分发过程进行监管，旨在防止地理信息泄密行为危害国家安全。地理信息市场监管是对扰乱地理信息市场的行为，比如地理信息市场中的项目转包、违法分包、合同造假、压价竞争、无资质测绘、超资质范围测绘、弄虚作假骗取测绘资质、采用挂靠或借用资质证书手段承揽测绘项目、侵权盗版等进行监管。地理信息市场秩序监管还包括对发布和使用错误国家版图的行为进行监管，维护国家领土完整和尊严。测绘地理信息成果质量监管是为保证测绘地理信息成果的准确性、权威性和可靠性，避免因成果质量问题造成重大经济损失和人民生命财产损失。

（二）测绘地理信息监管主体和对象

测绘地理信息监管主体以各级测绘地理信息行政主管部门为主，地理信息安全监管还要涉及安全、保密等部门，地理信息市场监管也要涉及工商管理等部门。2013 年，全国各级测绘地理信息行政主管部门从事测绘地理信息管理工作的人员总数约 9000 人，其中县级管理人员数占 71%，有相当一部分为兼职管理人员（见《2013 年测绘地理信息统计年报》）。地市级和县级行政区有 47% 的管理机构为事业编制，行使测绘地理信息监管职能还存在体制机制不顺的问题。此外，全国从事测绘成果质量检查的单位有 31 家，队伍近 800 人。

测绘地理信息安全监管对象不仅包括地理信息产业从业单位和人员，还包括其他与地理信息采集、存储、管理、传输和应用分发相关的企事业单位和个人。测绘地理信息市场监管的对象主要为参与地理信息市场的企事业单位。测绘地理信息成果质量监管的主要对象是测绘地理信息系统内的生产单位，测绘地理信息市场的成果质量监管主要由市场通过工程监理、项目验收等方式进行。目前，受监管力量所限，测绘地理信息安全监管和市场监管对象主要集中于各级各类测绘资质单位。对于未取得测绘资质的地理信息企事业单位在从事地理信息产业活动中如何进行安全、市场秩序监管，以及如何对个人进行安全监管，是测绘地理信息监管面临的重要问题。

（三）测绘地理信息监管方式

目前，我国测绘地理信息监管方式主要包括制度监管、资质管理、监督检查、行政审批、宣传培训等方式，其中制度监管是指通过相关制度的建设和完善来对地理信息安全、市场秩序和成果质量进行监管。资质管理是针对各级各类测绘资质单位进行的监管，包括对资质的申请、受理、变更、延续等。监督检查是对各类违法违规行为的检查，包括安全保密检查、成果质量检查、资质审查、地图审查、违法案件查处等。开展专项行动和群众举报是当前我国发现违法违规测绘地理信息行为的重要途径。宣传培训主要是对法律法规、政策制度、地理信息安全保密流程、正确地图使用规范等进行培训和宣传，包括测绘法宣传、保密教育与培训等。以上监管方式中，制度监管和宣传培训属于事前监管，资质管理属于全程监管，监督检查属于事后监管。对问题地图、安全保密等违法违规测绘地理信息行为的监督检查还需要联合多部门联合执法。

我国测绘地理信息监管的信息化刚开始起步。国家测绘地理信息局目前已统一开发了企业标注内审系统，提供给互联网标注企业使用，全国互联网地理信息安全监管系统即将全面推广应用，网络标注过滤系统、地图辅助技术审查系统和地图审核在线审批系统的研制也具雏形。全国各地也正在积极开展相关信息化监管系统建设。

（四）测绘地理信息监管法规制度

近年来，测绘地理信息监管相关法律法规和制度不断被制定和完善，成为测绘地理信息监管的重要依据和手段。在安全监管方面，我国已就测绘成果管理、地图编制出版、外国的组织或者个人来华测绘、测绘管理工作国家秘密范围规定、对外提供我国涉密测绘成果审批程序等形成了一系列法规制度。在市场监管方面，建立了地理信息市场监管、地理信息市场信用信息管理等相关制度。在公开国家版图监管方面，建立了国家版图意识宣传教育的有关制度。在质量监管方面，建立了测绘质量监督管理、测绘生产质量管理等相关制度。但是，应该看到，我国地理信息科学定密制度还不完善，地理信息工程监理、咨

询等市场管理制度还没有建立，地理信息市场信用制度才初步建立，制度的成熟运行还需要一段时间。质量监管方面的制度还相对较少。制度中对各种违法违规的惩罚力度还不够，起不到应有的警戒作用。

二　测绘地理信息监管面临的新形势

（一）地理信息安全在国家信息安全中的重要性日益突出

在当前国际形势日趋复杂、信息技术日新月异的形势下，中共中央《关于全面深化改革若干重大问题的决定》提出设立国家安全委员会，完善国家安全体制和国家安全战略，并随后成立了中央网络安全和信息化领导小组，充分体现了国家对信息安全的高度重视。航空航天遥感技术和卫星导航技术的发展使地理信息的战略地位日益增强。国外商用公开遥感卫星影像的空间分辨率已高于0.5米，卫星导航系统定位精度已达到厘米级，以谷歌地图为代表的网络地图服务带来的地理信息安全已经为全世界所关注，国外情报部门、非政府组织、公司、企业，公民个人通过项目合资和合作、科研与学术交流、旅游、探险、考古等形式在中国境内非法采集重要地理信息数据的违法案例也日益增多。维护地理信息安全已经成为维护国家信息安全的重要内容，日益受到国家的高度重视。

（二）地理信息产业快速发展对监管的需求和要求日益增多

近年来，我国地理信息产业产值规模以超过25%的年均增长率快速发展，地理信息从业单位数量也增长迅速，近三年来，测绘资质单位数量年增长率超过6%。地理信息产品的形式和内容更加丰富，基于各种介质的地图旅游商品、地理游戏等文化创意产品不断推陈出新，实景三维地图、室内地图等地图类型不断涌现。地理信息服务业态呈现多样化，基于位置的各类生活服务迅速发展，位置大数据应用正在变革传统地理信息应用。产业的发展使测绘地理信息监管对象的数量迅速扩大，监管内容更多，监管范围更广，向监管工作提出了更多更高的要求。

（三）新技术的发展使测绘地理信息监管难度加大

三维激光扫描技术、倾斜摄影测量技术、地面移动测量技术、互联网地图服务、移动位置服务等技术的发展和应用，使泛在测绘成为可能，用户可以在任何时间、任何地点进行测绘，泛在测绘使得在短时间内非法快速获得大范围、精确的地物位置信息成为可能，要求监管工作也要随时随地进行。同时，新技术的应用使个人数据采集成为可能，增加了数据采集的隐蔽性，同时增加了监管难度。此外，网络地理信息技术应用使涉密地理信息在短时间大范围的分发成为可能，一旦有涉密地理信息数据上网，造成的后果将十分严重，这对测绘地理信息监管的及时性也提出了极高的要求。

三 新时期测绘地理信息监管面临的新挑战

新形势下，测绘地理信息在获取手段、表现形式、传播途径等方面表现出了新的特征，使测绘地理信息监管对象、监管内容等发生了巨大变化，这些变化对测绘地理信息监管工作提出了新的挑战。

（一）监管工作量的激增对有限监管主体的挑战

如何以有限的测绘地理信息监管队伍有效监管急剧增多的监管对象和监管内容，是测绘地理信息监管工作面临的首要挑战。随着互联网地图数据采集（网络标注）、移动位置数据采集等方式的出现，数据采集者从单位扩大到了个人，监管对象的数量呈几何级增加。同时，在线数据采集、移动测量、卫星遥感、航空摄影测量技术发展也使地理信息数据采集、传输和应用更为便捷，使地理信息数据量迅速增大，导致测绘地理信息监管内容激增。当前，测绘地理信息监管主体数量十分有限，对超过 30 万人、从事业务种类超过 10 种、涉及国民经济多个行业和领域的 14000 多家测绘资质单位的监管已经显得力不从心。监管对象和内容的急剧增加将带来监管工作量的激增，给测绘地理信息监管工作带来严峻挑战。

（二）监管对象不明确对传统监管工作模式的挑战

地理信息网络在线服务时代，全部监管对象名录的获取已经不可能实现，这将逐渐打破原来主要针对测绘资质单位进行集中监管的方式，对原有的监管工作模式产生极大的冲击，监管工作变得更加不可控，产生了“监管谁”的新问题。尽管目前新增了互联网地图服务资质类型，但目前全国取得互联网地图服务测绘资质的单位数量与实际从事网络地理信息相关数据采集和分发服务的单位数量相比，仅占少量。在监管对象不明确的情况下，许多监管工作的开展将受到极大的制约，比如，地理信息安全保密教育与培训对象不可能全面覆盖，监管制度的实施也将大打折扣，许多常规监管工作的开展将变得更加困难。

（三）监管对象类型变化对监管方式的挑战

泛在测绘使地理信息采集者从专业人员向非专业人员扩展，使测绘地理信息监管对专业从业单位的监管扩展到对非专业从业单位和个人的监管。非专业从业单位和个人在地理信息质量、保密意识方面都没有接受过培训，对测绘地理信息相关法律法规知之甚少。目前，我国有相当一部分市场违法违规行为来自非地理信息产业市场主体，如何对其进行有效监管，对目前的监管方式提出了挑战。

（四）监管内容的复杂性对监管能力的挑战

当前，网络在线标注、众包地图等地理信息数据采集方式，微信及其他基于位置的社交服务等地理信息应用方式使测绘地理信息监管内容变得极为复杂，除了地图外，文字、语音、图片、视频等非结构化的地理信息数据也成为地理信息监管的内容，使地理信息监管的难度加大。今后，地理信息的大数据特征将会愈加明显，和其他行业的大数据融合应用也将越来越多，如何采用非常规的手段来监管地理信息大数据应用安全，是测绘地理信息监管面临的新挑战。

四　测绘地理信息监管转型思路

针对以上新形势与新挑战，各级测绘地理信息行政主管部门迫切需要转变监管理念，创新监管手段，革新监管方法。

（一）监管理念：从被动监管向主动监管转型

当前，面对越来越庞大、越来越不明确、越来越非专业的监管对象，不仅要加强市场准入管理、安全保密检查、地图审核、质量抽查等常规监管工作，还要针对新形势的严峻挑战，进一步转变监管理念，以更加积极的态度、超前的意识和科学的方法进行谋划，深入分析新形势下测绘地理信息监管中出现的问题和原因，通过完善制度、加强宣传培训、理顺机制、加强信息化建设等主动监管方式，采取积极措施有效预防地理信息市场有关问题的发生。进一步加强制度建设，加大对违法违规行为的惩罚力度。进一步加大宣传力度，拓展宣传渠道，通过网络、广播、电视、微信等大众媒体和新媒体进行公益宣传，倡导普通公民使用“规范地图”，树立“公开地图表示要规范，涉密地图内容要弄清”的基本安全保密意识和规范用图意识，切实提升监管效能。

（二）监管手段：从人为监管向信息化监管转型

我国测绘地理信息监管目前仍主要采用人为监管方式，效率较为低下，尤其是在对互联网地图服务监管方面。人为监管方式也使全国各级测绘地理信息行政主管部门之间针对监管工作的及时有效沟通大打折扣。采用信息化手段，提升监管自动化水平，是解决测绘地理信息监管工作量激增和监管难度加大问题的重要途径，同时也是贯彻十八大提出的关于健全信息安全保障体系、推进信息网络技术广泛应用的具体举措。应进一步加快地理信息市场监管、互联网地图安全监管、地理信息保密处理等信息化系统建设与完善，提升监管性能与效率。参考国家安全部门和保密部门的信息化建设经验，着力通过信息化手段解决对涉密地理信息拷贝、上网等监管难题，并加强与国家安全信息化建设的衔接。大力研究地理信息安全保密技术，以及利用地理

信息大数据进行安全监管的相关技术。加强安全、市场秩序和质量监管的相关装备设施建设。

（三）监管方法：从政府监管向推进企业和公众自律并重转型

当前，仅靠政府有限的监管人员进行测绘地理信息监管，已经远远不能满足地理信息产业的发展需求，需要大力发挥企业和公众的力量进行监管。充分利用市场机制不断创新行政监管，进一步构建地理信息市场诚信体系，不断完善地理信息市场不良行为记录和公示制度，提倡企业自查，利用市场这只无形之手规范企业市场行为，促进整个市场的规范化运作。根据企业的业绩、信誉、工程质量保证能力以及其他综合情况，对不同企业实施不同强度、不同频率、不同深度的差异化监管。鼓励和引导测绘地理信息系统生产单位对测绘成果质量进行自查。建立政府和企业、公众的监管沟通平台，进一步理顺监管沟通渠道。为企业和公众提供信息化监管工具。鼓励群众对测绘地理信息违法违规行为的举报。

地理国情监测篇

National Geographic Condition Monitoring

B.9

地理国情普查、监测与展望

李维森*

摘　要：

地理国情普查与监测是了解国情、把握国势、制定国策的重要支撑。目前我国测绘地理信息事业的快速发展，为普查与监测的组织实施和技术方法提供了有力保障。普查统计分析与常态化地理国情监测能够为科学管理决策提供可靠依据。普查与监测能够从技术水平、应用服务、生产方式、管理模式、人才队伍等方面推动测绘地理信息事业的转型升级，是未来测绘地理信息事业转型发展的必然途径。

关键词：

地理国情普查　地理国情监测　常态化　转型升级

* 李维森，国家测绘地理信息局党组成员、副局长，博士，高级工程师。

一 概述

（一）背景

地理国情普查与监测是了解国情、把握国势、制定国策的重要支撑，是推进国家治理体系和治理能力现代化的有力抓手，是加快生态文明建设、优化国土空间格局、加强自然资源管理、建设美丽中国的必然选择，是落实新丝绸之路、长江经济带、自然资源统一登记与监管、京津冀协同发展等国家战略的重要手段，也是测绘地理信息事业转型升级的突破口。它必将为测绘地理信息事业和产业发展打开新的空间，明确新方向，创造新的发展机遇。

2011 年 5 月 23 日，李克强总理在视察中国测绘创新基地时，对地理国情监测的重要作用和意义作了精辟的阐述。2013 年 2 月，第一次全国地理国情普查正式启动，总体目标是整合并充分利用各级、各类基础地理信息资源，开展全国地理国情信息普查，构建国家级地理国情信息系统，持续对全国范围的自然、人文等地理要素进行常态化监测，建立定期报告和监督机制，反映国家重大战略、重大工程实施状况和效果，充分揭示经济社会发展和自然资源环境的空间分布规律[1~2]。

（二）国内外发展现状与趋势

1. 国际发展现状与趋势

自 20 世纪 60 年代以来，西方发达国家已开始意识到，建立在资源过度开发利用基础上的工业文明，会对自然资源和生态环境造成巨大破坏。各国在对生态系统的管理由开发利用转向生态治理的过程中，将地理国情监测作为掌握资源开发态势，科学进行生态治理，推动社会可持续发展的重要手段，取得显著成效。欧、美、日等国家组织实施了地理信息动态监测和分析规划（GAM）、土地利用与土地覆盖变化（LULC）、欧盟全球环境与安全监测计划（GMES）等多项监测工作，为动态掌握自然资源分布、生态环境变化、社会可持续发展以及科学决策提供了重要手段，取得了显著的社会经济效益[4~7]。

其监测内容极为丰富，既有土地覆盖、全球变化等综合监测，也有生态环境、农业、林业、海洋等专题监测，还包括自然灾害监测等。监测产品与服务更是形式多样，有数据库、研究报告、图形图表、应用系统和预测模拟等。国际上的这些工作表明，地理国情监测已经成为主要发达国家应对环境恶化，维护生态安全，优化资源利用的一项重要工作。

2. 国内发展现状与趋势

我国幅员辽阔，历史文化悠久，自然和人文地理要素十分复杂，改革开放30多年来，我国经济社会得到飞速发展，但人口与资源、发展与环境的矛盾日趋凸显。为此，国土、林业、水利、环保、农业、海洋、统计等专业部门从各自职责出发，陆续开展了全国性的专题调查或普查工作，为国家重大决策和政策的制定提供了依据，同时也为我国开展综合的、多要素的、全覆盖的地理国情监测奠定了基础。

从不同的角度，国情可以分为自然国情和人文国情，也可以分为地理国情、社会国情、历史国情和文化国情等，地理国情是国情的重要组成部分。

地理国情是一个新概念，从狭义上讲就是具有国情属性的地理信息，如国家的面积，国家整体的地形、地貌以及类似珠穆朗玛峰等带有明显国家标志性的名山的高程等地理信息；同时，有些地理信息单独审视时不具有国情属性，但将这些信息集成后，其国情属性显而易见，如各省面积的汇总、全国流域性的河流汇总、道路长度汇总等集成信息。此外，地理国情，从广义上讲又包括利用地理空间信息，对其他国情信息进行空间可视化后反映的国情，也就是从地理空间的角度量化和展示国情。例如，人口数据与地理位置分布的结合，形成国家人口分布信息这一重要地理国情；经济数据与地理位置分布的关系，形成国家自然经济分布这一重要地理国情。由此可见，地理国情范围很宽泛、涵盖面很广，既能直观地反映自然与人类活动的动态轨迹，又能清晰地表达资源与环境、经济与社会的变化趋势，从而为政府科学决策提供有价值的客观依据。

伴随着我国测绘地理信息事业的快速发展，以及在技术、装备和人才队伍建设等方面的快速跟进，我国已经完全具备了实施全国性地理国情普查与监测的能力。现阶段我国陆地国土和大部分海岛（礁）1∶5 万地形数据已经实现

全覆盖，1∶1 万基础地理信息数据实现了近 50% 的面积覆盖，这些海量数据为实施地理国情普查与监测奠定了资源基础；空天地一体化的多层次、多种类、多传感器的对地观测网络，为其奠定了遥感数据基础；信息化测绘技术体系的初步构建，为其奠定了技术方法基础；信息化测绘体系下的队伍结构，以及跨学科复合型人才队伍的培养，为其奠定了队伍保障[8]。

当前，我国地理国情普查与监测工作进展顺利，已经初步构建了地理国情普查与监测的技术体系，制定了系列标准规范，建立了系列核心技术与解决方案，形成了地理国情普查与监测点面结合、全面铺开的良好发展局面。但与发达国家相比，我国还存在一定差距，例如数据获取能力、监测的技术手段、成果表达技术等，这些差距将通过我们的不懈努力、大胆实践、勇于创新，逐步完善自我，直至迎头赶上。

二 普查的组织实施与技术方法

普查的技术流程大体是：结合基础地理信息成果数据及多种行业专题数据，以分辨率优于 1 米的遥感影像为主，部分地区利用我国资源 3 号和天绘系列卫星资料作补充，运用测绘地理信息高新技术和装备，采用内外业相结合的生产模式，开展全国陆地范围内的地形地貌、地表覆盖、重要地理国情要素等信息采集、处理和建库；建立地理国情普查统计分析信息平台，开展全国地理国情信息的统计分析；建设相应的信息管理系统，实现地理国情普查成果的管理、发布和应用。

下图为第一次全国地理国情普查总体技术流程。其中，普查数据采集部分的内业和外业工作，可根据任务区的特点和承担单位的设计，灵活采用“先内后外”、“先外后内”或内外业交互结合的方式开展。

（一）普查的组织实施

2013 年 6 月，国务院专门成立了以张高丽副总理为组长，26 个部委组成的国务院第一次全国地理国情普查领导小组，负责国家层面普查工作的组织和领导。普查领导小组下设办公室，办公室设在国家测绘地理信息局，负责第一

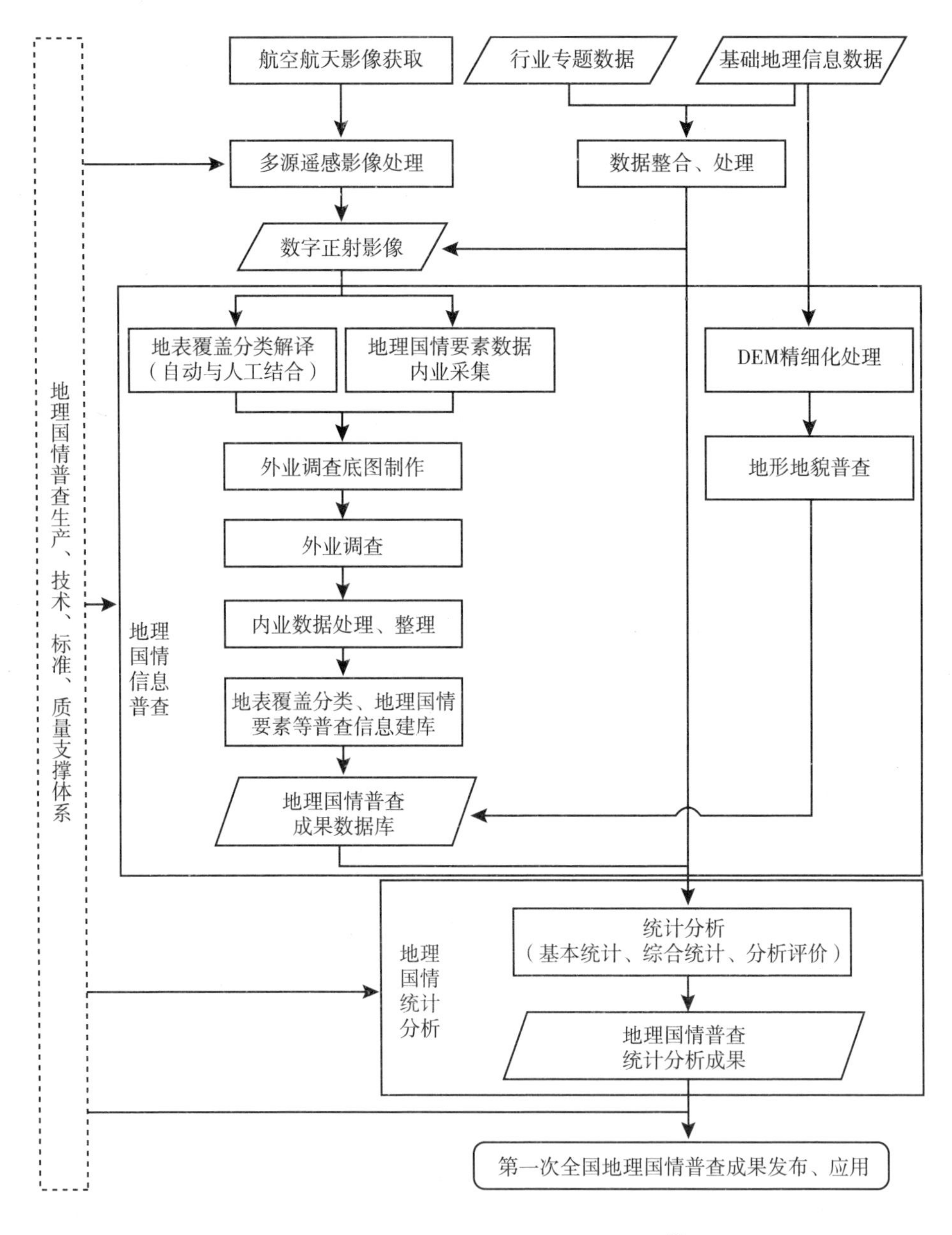

第一次全国地理国情普查总体技术流程[9]

次全国地理国情普查的日常工作。国务院普查办成立以来，先后完成了第一次全国地理国情普查总体方案实施办法等顶层设计；制定了《地理国情普查内容与指标》、《外业调查技术规定》、《基本统计技术规定》等13个急需的技术

文件；为加强管理和发挥监督指导作用，颁布了《工作规则》、《项目管理办法》、《考核管理细则》、《质量管理细则》等一系列管理性规程；编写印发了系列教材，开展了17次国家级培训；组织国家局直属队伍帮助西部贫困地区完成了370万平方千米的普查任务。

国务院普查办下设6个组，分别是综合协调组、财务监督组、组织实施组、统计分析组、质量监督组和宣传工作组。按照“全国统一领导、部门分工协作、地方分级负责、各方共同参与”的组织实施原则，各省级人民政府也相应组建了普查领导机构和工作机构，组织和领导本地区普查工作。主要负责制定本地区普查实施方案，整合已有资源，组织技术力量，组织实施本地区普查工作。

（二）普查的技术方法

普查的技术方法主要由以下九个环节构成。

1. 基础资料整合

基础资料整合是开展地理国情普查的重要基础性工作，主要是收集和整理基础地理信息数据、遥感影像资料及行业专题数据等，在此基础上对各类资料进行分析，形成资料利用方案。

2. 高分辨率正射影像图制作

高分辨率正射影像是获取高精度地理国情信息的工作底图，具有数据量大、生产周期短、精度高等特点，目前主要是采用遥感影像数据集群式处理设备，利用收集或采集的控制资料，实现对多源遥感影像数据的高效批量纠正、镶嵌、融合、裁切，形成满足后续生产所需的高分辨率正射影像图。

3. DEM精细化数据处理

利用现有地形地貌数据，收集和提取同一区域精度更高的基础测绘资料中的等高线、高程点和地形结构线等信息，对地形起伏较大的区域进行精细化处理，以更加真实地反映地形特征，并基于此进行地形地貌信息的分析和坡度坡向数据提取。

4. 内业判读与解译

内业判读与解译主要是在室内进行地表覆盖和地理国情要素数据的采集。

地表覆盖数据采集是以遥感正射影像为基础，利用收集整理的基础地理信息和其他专业部门的资料，采用自动分类提取与人工解译相结合的方式，开展地表覆盖类型内业判读与解译，同时，补充或更新水域、交通、构筑物以及地理单元等重要地理国情实体要素，提取要素属性，形成相应的数据集。地理国情要素数据采集以遥感正射影像底图为基础，整合利用基础地理信息数据，并参考专题数据等其他数据资料，开展地理国情要素数据的内业判读、采集。

5. 底图制作与外业调绘核查

将内业判读和解译的数据与数字正射影像图套合并叠加空间专题信息后，对矢量数据进行符号配置，对重点要素和内业解译有疑问的要素进行标注，制作外业调查底图。采用数字调绘系统或其他有效方式对标注的重点要素和有疑问的要素开展实地核实确认和补调。在外业调查过程中，还要采集遥感影像解译样本数据，记录调查轨迹，并把其结果完整反映到元数据中。

6. 质量控制措施

为确保普查成果的质量，除严格按照质量控制的相关要求由各级普查机构分别负责各自任务区的成果质量外，国务院地理国情普查办公室组织若干个质量监督检查组，对各省承担的普查任务区按照抽样或者随机选取方式进行不同任务区数据的协调性检查和处理。

7. 普查成果现势性处理

按照普查时点的要求，利用 2015 年 3 月至 6 月的航空或航天遥感影像叠加完成的普查成果，以内业核准和适度外业调查的方式，对变化区域进行更新，使普查成果的整体现势性达到普查时点的要求。

8. 数据库建设

通过采集、核查和编辑后的普查数据，需根据地理国情普查数据入库规范标准，进行入库前数据质量检查和入库，在相关软硬件环境的支撑下，分别建立省级和国家级地理国情普查数据库，实现省和国家两级普查数据一体化无缝建库。

9. 统计分析

全国的地理国情普查统计分析工作需要省级普查机构和国家级普查机构共同参与、相互配合完成。省级和国家级均需首先完成基本统计工作，综合统计和分析评价工作将在基本统计数据汇总后陆续开展。

三　监测的组织实施与技术方法

普查的根本目的是为实施常态化监测提供基准，以后开展的各项监测活动都要与普查成果进行比较，以此反映被监测对象的变化情况。大体思路是：以多源多时相航空航天遥感影像数据为主要数据源，通过几何纠正和配准处理，得到长时间序列空间可比的影像数据集。在此基础上，辅以收集和整合的最新1∶5 万基础地理数据、相关资料、统计数据、相关专业的调查专题图件等历史资料，并充分参考地理国情普查中的地表覆盖成果，构建变化监测基准底图。利用地理国情信息监测对象在空间、时间、光谱等不同维度上的特征，基于遥感和地理信息系统技术，采用计算机自动处理与人工辅助检测相结合的方法，进行变化信息的检测分析和快速提取。通过实地调查核查资料，进一步对变化信息解译成果作修改和完善，形成满足重要地理国情信息全国性监测技术规定和图件产品制作要求的成果。根据重要地理国情信息监测成果数据入库规范标准，对入库数据进行数据质量检查，检查合格后，将不同的数据根据尺度、格式、数学基础、时点进行分类入库。

（一）监测的组织实施

为深化普查成果的应用，充分体现普查和监测价值，为后续地理国情监测探索经验，提供更科学的技术储备，国务院普查领导小组专门下发了《关于在开展地理国情普查的同时，做好普查成果应用及地理国情监测工作的通知》，为此，国普办在调研分析、技术试验的基础上，2014 年开展了京津冀地区生态环境变化、青海三江源区域、全国省会城市、区域总体发展规划、板块运动与区域地壳稳定性等专题的地理国情监测。

地理国情监测由国务院普查办统计分析组按照国家测绘地理信息局的总体部署牵头实施，参与单位密切配合，完成地理国情监测系列设计工作，上报监测实施方案和监测设计书，开展监测作业、统计分析、结果会商、审核发布等工作。

（二）监测的技术方法

收集历史影像数据，选择距调查年度不超过 1 年的多光谱遥感数据作为监测信息源，各时相数据的季相要保持相对一致。北方地区影像获取尽量避开季节性冰雪覆盖时期。同时收集最新的 1∶5 万基础地理数据、与监测对象相关的调查资料和统计数据，相关专业的调查专题图件等历史专题数据用于辅助监测。

基于地表覆盖普查正射影像等成果，结合地面控制点数据、DEM 资料对多源、多时相影像进行几何纠正和配准处理，必要时可对遥感影像进行辐射纠正或辐射归一化处理。对辅助专题数据进行空间化处理和坐标系统转换，形成配准的、可进行比较验证的空间数据集。

根据重要地理国情信息监测对象在空间、时间、光谱等不同维度上的特征，采用计算机自动处理与人工辅助检测相结合的方法，进行变化信息的检测分析和快速提取。建立目标区域的类型变化特征库与解译知识库，明确监测对象目标及其特征变化规律。利用影像对影像、影像对矢量、矢量对矢量等变化检测分析技术，判断目标对象是否变化、确定变化区域、鉴定变化类别，并生成初步变化图斑。

综合利用自动检测出的变化图斑、地理国情信息普查成果、历史专题数据和国家基础地理信息成果，通过计算机辅助与人工识别相结合的方法，开展内业解译与判读，逐图斑检查、识别、编辑图斑变化类型及相关属性信息，确保变化检测结果的可靠性；同一时相数据相邻地区解译完成后进行接边处理，实现空间拓扑上的一致性；如果有历史外业实地调查核查资料，则进一步对变化信息解译成果进行编辑、修改，补充完善相关属性信息。

对变化信息解译成果进行检查、修正等，形成满足重要地理国情信息监测技术规定和图件产品制作要求的成果。

根据重要地理国情信息监测成果数据入库规范标准，对入库数据进行数据质量检查，检查合格后，将不同的数据根据尺度、格式、数学基础、时点进行分类入库。

四　普查统计分析

地理国情普查统计分析是在普查所建的地理国情数据库的基础上，结合各各种专题数据，对自然、人文等地理国情要素进行统计分析，形成系列地理国情统计分析的数据集、各种统计报表及地理国情分析报告，地理国情统计分为基本统计和综合统计。

（一）普查的基本统计及主要成果

地理国情普查基本统计是统计分析的基础环节，是对地理国情普查要素的基本描述性特征进行统计及汇总。以地理国情普查数据为基础，基于地理国情普查要素的点、线、面几何特征类型和地理实体要素，完成展现地形地貌、植被覆盖、荒漠与裸露地表、水域、交通网络、居民地与设施、地理单元等7大类型要素的基本数量（个数、长度、面积等）、位置、范围、密度等21个指标的统计计算。

国家级基本统计成果的生成以地理国情分县基本统计成果数据、地理国情普查成果为数据基础，实现县级以上各级单元的基本统计指标的统计，同时增加基于自然地理单元和社会经济区域单元的统计，做到普查中的各类统计单元的全覆盖，能够从多个角度全面反映各类地理国情普查信息的基本描述特征和分布特征。

地理国情普查基本统计成果主要包括基本统计数据库、基础地理国情信息、地理国情白皮书、基本统计图件、基本统计信息系统、基本统计技术标准规范和基本统计对比分析和应用服务机制等。

（二）普查的综合统计及预期成果

地理国情普查综合统计是以地理国情普查自然环境和人文经济地理要素，特别是空间分布、空间结构和空间联系信息为基础，结合经济普查及统计数据，研究中国当前和今后一个时期具有前瞻性、战略性的社会经济发展重大问题，为国家宏观和区域发展决策提供信息和依据。

地理国情普查综合统计目前正在积极研究和探索中，初步考虑可分为资源分布与利用、生态协调性、基本公共服务均等化、区域经济潜能、城镇发展五个专题，初步分为19个一级指数、52个二级指数、203个计算指标，三个层级共274个指标指数，以提供面向自然生态环境、经济规划、城镇发展、民生建设等多方面的专题分析评价，准确翔实地反映地理国情的空间分布、结构与相互关系、地域差异等，从地理空间的角度揭示资源、生态、环境、人口、经济、社会等要素在空间上相互作用、相互影响的内在关系，为科学管理决策提供可靠依据，为优化国土空间开发格局、制定和实施国家发展战略与规划、配置、各类资源推进生态环境保护、建设资源节约型和环境友好型社会提供重要的参考信息。

地理国情综合统计的预期成果主要包括综合统计分析白皮书、蓝皮书、综合统计分析数据库、综合地理国情指数、专题分析评价报告、综合统计分析信息系统、综合统计技术标准规范和综合统计分析和应用服务机制等。

五　常态化地理国情监测

国务院9号文明确提出：普查的目的是查清我国自然和人文地理要素的现状和空间分布情况，为开展常态化地理国情监测奠定基础，满足经济社会发展和生态文明建设的需要，提高地理国情信息对政府、企业和公众的服务能力。目前，“十三五”及以后的常态化监测的方案正在加紧研究和制定中，初步考虑按照重要性地理国情、典型性地理国情、热点性地理国情三大方向分类开展。重要性地理国情监测主要针对地表覆盖和地理国情要素开展监测；典型性地理国情监测是选择国土空间开发、资源节约利用、生态环境保护、城镇化发展、区域总体发展规划实施等重点方向开展监测；热点性地理国情监测主要针对社会热点、应急反应等开展监测。当前，针对不同监测领域已经初步形成了明确的监测对象和监测周期，为“十三五”及以后开展常态化监测和测绘地理信息事业转型升级奠定了基础。

（一）重要性地理国情监测

重要性地理国情监测将实现全国范围的各种自然和人文地理要素的动态监

测，在第一次全国地理国情普查成果的基础上，按照各种自然和人文地理要素的变化规律和周期，制定地理国情监测内容与指标，在地理国情普查数据成果的基础上，整合、分析现有基础地理信息数据及相关专业部门数据，主要利用高分辨率航空航天遥感影像，通过变化发现、信息提取等技术手段，实现地理国情变化信息的快速、准确获取，按照多种地理统计单元，进行地理国情变化信息统计与分析，建立定期常态地理国情信息监测机制，形成常态化地理国情监测成果。

地表覆盖变化监测：全覆盖、无缝隙地监测全国耕地、园地、林地、草地、水域、荒漠与裸露地表、房屋建筑（区）、道路、构筑物、人工堆掘地等地表覆盖类型、位置、范围、面积等变化信息。监测周期：1～2年。中、东部等地表覆盖变化较快的区域，可根据需要缩短监测周期。

地理国情要素变化监测：按照实体要素方式采集的地理国情要素内容包括道路、构筑物、人工堆掘地、水域和地理单元。监测全国地理国情要素的变化类型，长度、面积及空间分布变化等信息。监测周期：1～2年。中、东部等地表覆盖变化较快的区域，可根据需要缩短监测周期。

（二）典型性地理国情监测

典型性地理国情监测将围绕特定专题开展动态监测，主要由监测任务承担单位负责组织实施。典型性地理国情监测要充分利用地理国情普查成果，结合航空航天遥感影像数据和基础地理信息成果，选择特定专题，开展精细化、抽样化、快速化的地理国情信息监测。

国土空间开发：选择优化开发区、重点开发区、农产品主产区等区域进行动态监测。监测周期：1～2年。

资源节约利用：重点围绕能源矿产、森林资源、水资源、旅游资源、岸线资源等，开展资源空间分布状况监测，分析评估自然资源节约集约利用水平。监测周期：1～2年。

生态环境保护：选择对全国生态文明建设具有重要影响的重点生态功能区、主要湖泊、湿地、典型沙漠、典型冰川等热点区域，开展自然生态指标监测。监测周期：1～2年。

城镇化发展：选择县级以上城市、城市群等热点对象和热点区域进行监测。监测周期：1～2年。

区域总体发展规划实施：通过开展区域发展规划实施和重大工程建设动态监测，反映各区域性发展规划、重大工程实施以来的建设进展、实施效果和作用影响等。监测周期：1～2年。

（三）热点性地理国情监测

热点性地理国情监测主要根据实际情况和需要，针对区域性重要及热点地理要素、社会关注的热点问题等开展监测，快速及时形成动态监测成果[10～11]。

热点性监测：监测内容主要为自然灾害（地震、洪灾、泥石流、火灾、干旱、地表沉降等）、重大工程、重大事件等。监测周期：不定期，根据需要确定。

六　事业转型与未来展望

（一）事业转型

长期以来，测绘地理信息部门主要从事基础测绘工作，任务是生产传统测绘的七大类地物要素的地理信息数据，并对其进行更新与应用。基础测绘具有客观性、通用性、规范性，但缺乏针对性和灵活性，延伸功能不足。地理国情普查与监测能对多种要素进行分类统计，能把地理要素与人文、生态环境等要素紧密结合起来，全面、准确、客观地反映国情国力，实现测绘地理信息服务与国民经济发展的深度融合，具有动态可持续性。

地理国情普查与监测是基础测绘的延伸和拓展，是测绘地理信息部门的新使命，必将使传统测绘地理信息事业发生深刻变革，在技术水平、应用服务、生产方式、管理模式、人才队伍等方面加快推动测绘地理信息事业的转型升级[3]。技术水平方面，将加快空天地一体化实时获取技术形成，加快基于云计算模式的空间运行系统建设，提升遥感数据的科学分类和分析解译能力，加快形成统计分析能力；应用服务方面，将实现从反映现状的静态测绘服务到体

现变化和分析的动态地理国情信息服务转变，从被动向主动服务、从后台向前台服务转变，从单一测绘数据生产向国情信息服务转变；生产方式方面，将极大地拓展和延伸测绘地理信息的业务链和产业链，生产环节更趋复杂，不再局限于按计划、按分幅、按比例尺生产，而是可以按需求、按地理单元、按更新频率组织生产，并强化生产作业全过程的质量控制；管理模式方面，将实现从封闭管理向开放管理转变，从技术管理向综合管理转变；人才队伍方面，将实现从单一的测绘地理信息学科人才为主向多学科人才交叉融合转型，推动人才队伍结构进一步优化。

（二）未来展望

地理国情普查与监测是新时代对测绘地理信息事业提出的新需求，是科学技术、信息服务水平发展的必然结果，是测绘地理信息事业转型发展的必然途径。它将极大地提升测绘地理信息事业服务大局、服务社会、服务民生的能力，更好地发挥测绘地理信息事业在全面深化改革、推进国家治理体系和治理能力建设中的积极作用，是深入贯彻十八届三中全会提出的“五位一体”建设布局的重要举措。作为一项庞大的首创性系统工程，地理国情普查与监测涉及面广、技术性强、实施难度大，要切实增强做好地理国情普查与监测工作的紧迫感、责任感和使命感，积极探索，精心组织，精心设计，科学实施，注重质量，按时保质完成好普查与监测任务，真正做到全面、真实、准确，向党和国家提交一份高质量、高标准、高水平的普查与监测成果，为加快测绘地理信息事业转型升级，实现持续发展作出积极贡献。

参考文献

[1] 国家测绘地理信息局：《地理国情监测总体设计》，2013 年 5 月。

[2]《国务院关于开展第一次全国地理国情普查的通知》（国发〔2013〕9 号）。

[3] 李维森：《地理国情监测与测绘地理信息事业的转型升级》，《地理信息世界》2013 年第 5 期。

[4] 乔朝飞：《 国外地理国情监测概况与启示》，《测绘通报》2011 年第 11 期，第

81～83页。

[5] R. Sky Bristol, Ned H. Euliss, Jr. Nathaniel L. Booth, et al., "Science Strategy for Core Science Systems in the U. S Geological Survey, 2013 - 2023," http://pubs. usgs. gov/of/2012/1093/of2012 - 1093. pdf, 2013 - 02 - 17.

[6] V. J. Aschbacher, "Global Monitoring for Environment and Security-Europe's Initiative Takes Shape," ESA Bulletin: 20 - 26, 2005.

[7] 渡边正孝、王勤学、林诚二等：《亚太地区环境综合监测的研究方法》，《地理学报》2004年第59（1）期，第3～12页。

[8] 测绘地理信息发展战略研究课题组编《测绘地理信息发展战略研究报告》，测绘出版社，2012。

[9] 国务院第一次地理国情普查领导小组办公室：《第一次全国地理国情普查实施方案》，2013。

[10] 国务院第一次地理国情普查领导小组办公室：《地理国情监测内容指南》，2014年4月。

[11] Jixian Zhang, Weisen Li & Liang Zhai, "Understanding Geographical Conditionsmonitoring: A Perspective from China," *International Journal of Digital Earth*, DOI: 10. 1080/17538947. 2013. 846418.

B.10

地理矿情空天地一体化监测技术与方法

卢小平 程 钢 葛小三*

摘 要：

地理矿情是制定国家和区域发展战略与规划、开展国民经济统计、调整经济结构布局、矿产资源开发战略制定、生态环境保护的重要数据基础。地理矿情数据作为重要的战略性信息资源，其涉及国土与矿产资源储量、地质灾害与生态环境、矿区规划和矿业城市转型等领域，通过开展空天地一体化地理矿情监测，提供及时、动态、科学和定量的矿情信息与增值应用服务，可广泛服务于政府管理与决策、产业规划布局、生态环境保护等领域，为各级政府制定规划和重大决策提供基础数据，并可对全面推进地理国情普查与监测、构建绿色国土空间格局，提供强有力的技术支撑。

关键词：

地理矿情 空天地一体化监测 增值应用服务

一 引言

《国家中长期科学和技术发展规划纲要（2006～2020年）》明确将矿产开采区等典型生态脆弱区生态系统的动态监测技术、生态保护及恢复技术等列为环境领域的优先研究主题。矿产资源的大规模开采引发了一系列地质灾害和生

---

* 卢小平，河南理工大学教授，河南理工大学矿山空间信息技术国家测绘地理信息局重点实验室副主任；程钢、葛小三，河南理工大学矿山空间信息技术国家测绘地理信息局重点实验室。

态环境问题，据中国地质调查局《全国矿山地质环境调查综合研究》调查数据显示，全国矿山引发的地质灾害达12379起，全国因采矿活动占压和破坏土地面积约143.9万公顷，全国矿产开发对地质环境严重影响区约5.3万平方公里，较严重影响区约38.4万平方公里，轻微影响区约138.1万平方公里。矿产资源开采在服务经济建设的同时也给矿区生态环境带来了巨大压力。因此，如何准确掌握矿产资源开采与生态环境破坏之间的利害关系，是矿业城市可持续发展面临的重大课题。

矿情是指矿区或矿业城市的资源开采状况、经济社会发展情况、自然地理、地质环境与生态环境时空演变、城市扩展等各个方面情况的总和，是制定区域发展战略和发展政策的依据，也是执行发展战略和发展政策的客观基础。地理矿情是指与资源开采紧密关联的地质环境与自然环境、地表覆盖、水资源污染、土地退化、人工设施等具有矿情特征的重要地理信息，是矿情的空间可视化，即从地理的角度分析、研究和描述矿情，如矿区面积与探矿权、矿产资源储量、煤矸石堆压占、地形地貌等，并将矿情信息用地理空间进行表达和反映。

2013年2月国务院启动了第一次全国地理国情普查工作，而地理矿情监测作为地理国情普查与监测的重要内容，实施地理矿情监测对于促进资源型城市的转型与发展、矿区土地复垦与利用、生态环境修复与重建、矿业城市科学规划等具有重要意义。地理矿情监测信息不仅能够真实反映矿区地表特征和地理现象，而且能够表征矿产资源开采导致的土地塌陷与土壤污损、生态景观破坏、植被退化等一系列生态环境问题，综合反映国家矿产资源、矿区生态环境现状，是制定矿业城市发展战略与发展规划的重要基础。

长期以来，采用常规地面测量、GPS测量及人工野外调查等传统监测手段只能获取少部分地理矿情专题要素，且存在工作量大、效率低、采集的数据过于离散、时效性差等问题，难以全面反映矿区专题要素整体状况及变化趋势。随着航空航天对地观测技术的快速发展，为快速、实时、高精度监测地理矿情要素提供了技术支持，利用空天地遥感技术开展煤炭资源开发利用的地表环境效应监测与分析研究，已成为国内外重点关注的领域。目前我国已经拥有资源三号、CBERS2C、环境一号、高分一号和高分二号遥感卫星等较高质量的民

用资源卫星系统，特别是资源三号国产高分辨率测绘卫星，具有丰富的空间信息，地物几何结构和纹理信息更加清晰，且能够进行立体测绘，有望在我国煤炭主产区地表环境遥感监测方面发挥重要作用。近年来，机载（空基）与航空摄影测量－地面移动（地基）测量系统等新型对地观测技术日益成熟，已在数字城市、地形测量、矿区地质灾害监测等方面得到成功应用，尤其是在矿区地表形变、土地退化、煤矸石压占和水资源污染等地质灾害与生态环境监测及城市地表空间与生态环境信息提取等方面，显示出了巨大的潜在优势。

目前，我国地理矿情分析与增值服务研究尚处于探索阶段，现有研究仅限于基础数据获取分析及专题要素提取等方面。因此，研究地理矿情空天地一体化监测理论与方法，开展地理矿情信息分析与增值应用服务研究，提升地理矿情监测信息的增值服务能力，研究地理矿情监测信息分析、评价和描述的理论和技术体系、矿业城市动态模拟及发展趋势预测，具有重要的理论意义和实用价值。

二　地理矿情监测的内容与指标

地理矿情是制定国家和区域发展战略与规划、开展国民经济统计、调整经济结构布局、应对突发事件的重要数据基础。地理矿情数据作为重要的战略性信息资源，其领域涉及国土与矿产资源、地质灾害与生态环境、地质构造、矿区规划和矿业城市转型等行业和部门，通过提供及时、动态、科学和定量的地理矿情信息，可广泛服务于政府管理决策、基础设施建设、产业规划布局、生态环境保护等领域，对全面推进地理国情监测工作、构建绿色国土空间格局，提供强有力的基础支撑。

完善的地理矿情监测内容与科学的指标体系是监测成果科学性、有效性和实用性的重要保障，能够全面、准确地反映矿区资源、环境、生态、经济要素的空间分布特征、动态变化情况以及未来发展趋势。因此，地理矿情监测内容与指标体系是地理矿情监测工程的支撑体系。

（一）地理矿情监测内容

地理矿情监测是一项内容复杂、周期长的系统工程，监测内容涉及矿区自然地理、地表覆盖、矿产资源储量、地质与生态环境变化等要素。目前，对于地理矿情监测的内容、对象、分类还没有形成统一的认识，尚未形成完整的体系结构。因此，迫切需要构建层次清晰、定义明确的监测内容，为地理矿情监测工作提供指标依据。

利用空天地一体化技术快速获取影像与处理、现场调查、信息提取、地理统计分析等技术手段，查清反映地表特征、地理现象、采矿活动和人类活动的基本地理环境要素的范围、位置、基本属性和数量特征，通过深入的统计和综合分析，形成这些基本地理环境要素的空间分布及其相互关系的监测结果。地理矿情监测内容主要包括以下方面。

1. 矿情要素的基本情况

包括地形地貌、地质勘探与矿产资源储量、典型构筑物设施、植被覆盖、水域、煤矸石堆压占、地质灾害隐患点等要素的类别、位置、范围、面积等，掌握其空间分布状况。

2. 人文地理要素的基本情况

包括与人类生活密切相关的交通网络、居民地与设施等地理要素的类别、位置、范围、面积等，掌握其空间分布现状。

3. 地理矿情信息统计分析

包括对自然和人文地理要素等重要地理矿情信息的统计分析，以及将地理信息与经济发展数据进行整合，对经济社会发展指标进行空间化、综合性统计分析评价。

4. 建立地理矿情信息数据库

在参考《地理国情普查试点方案》的基础上，进行分析和整理，建立地理矿情要素属性表库，形成一系列地理矿情监测专题图集，形成系统、规范的地理矿情监测技术和标准体系，建立科学、高效的地理矿情普查工作机制。

（二）地理矿情监测指标

地理国情监测指标计算的数据来源主要以地理国情普查数据、定期监测数据为主，并辅以遥感影像数据、土地覆盖图、国家统计局数据等。按照科学的计算方法，分别对自然指标、人文指标、综合指标等基础指标进行计算，然后

利用基础指标按照合理的权重分配，综合计算出矿业经济指数、矿区城镇化指数等综合性指数，从而构成涵盖自然和人文方面完整的、系统的地理国情监测指标体系。因此，确定地理矿情监测的内容应在地理国情普查指定的内容和指标的基础上，扩展和细化矿区自然要素，尤其是生态环境要素监测内容指标的类别、内容和参数，以实现更有效地获取自然要素信息，并进行标准化地理矿情自然要素监测内容的编码、数据结构和指标的统一。

广泛收集国内外有关地理矿情监测研究的相关资料，并对这些资料进行整理和分析。充分考虑空天地（航空、航天、地面）多源遥感数据对矿情监测要素信息的解译能力及矿区地理环境特点，并在此基础上开展研究，形成地理矿情监测指标体系，具体技术流程如下。

首先，按照国家测绘地理信息局2014年颁布的《地理国情普查内容与指标（订正本)》，研究并确定地理矿情监测要素的内容和技术指标，使地理矿情信息与地理国情信息保持一致。

其次，借鉴目前地理国情普查工作的相关成果和经验，深入研究矿情监测要素的内容体系，确保要素的适用性和监测工作的可行性。

再次，综合考虑地理矿情监测要素的特点，分析已有的地理矿情部分要素调查和监测资料，根据河南省煤炭主产区地理矿情监测数据获取能力及地理矿情对地理环境、资源、设施等的需求，确定地理矿情监测要素的具体内容。

然后，针对地表形态、地表覆盖和矿情专题要素等对象，建立具有针对性的分类体系。

最后，参考《地理国情普查内容与指标（订正本)》内容要求，确定地理矿情监测要素信息，并在不同矿区进行验证，形成地理矿情监测指标体系。

三　地理矿情空天地一体化监测关键技术

围绕国家、社会和公众、煤矿行业、区域发展需求，按照“强化特色、重点突破”的建设思路，加强原始与集成创新，紧密围绕矿业城市可持续发展，以“3S”技术为基础，以地理矿情监测与地质灾害预警基础前沿理论研究为导向，着重突破天空地一体化矿区数据获取技术、地理矿情多源监测信息协同处理理论与方法、地理矿情时空信息云平台构建、地理矿情分析与增值服务等关键问题，实现地理矿情评价分析与增值服务，促进安全矿山、绿色矿区的建设。

（一）天空地一体化矿区数据获取关键技术

综合利用天空地一体化遥感获取技术，以覆盖空间分辨率优于1米的多源航空航天遥感影像数据为主要数据源，辅以我国资源三号、天绘系列和高分一号和二号等卫星影像数据，收集、整合基础地理信息数据及多行业专题数据，开展矿区空间三维信息、地质灾害与生态环境信息的高精度、快速获取技术与方法研究。研究地面与井下数据采集技术，深入研究无人机遥感多传感器搭载方式，实现矿区地表类型、DEM及其变化信息的高精度获取，借助InSAR技术获取微小的地表形变信息，利用空基、地基激光雷达技术实现矿区/矿业城市三维信息的精准获取。主要内容包括：第一，针对矿区复杂背景下地表覆盖类型及时空变化特征，研究航空遥感获取装备的搭载方式、成像模式以及数据采集策略，实现地理矿情信息的快速、高精度获取；第二，重点研究空基、地基多传感器搭载方式与集成平台，实现矿区/矿业城市地表三维信息的高效、高频次、高分辨率及高精度获取；第三，利用无人飞行器的机动、灵活、成本低的优势，研究搭载SAR、高光谱等传感器的无人机遥感系统，为数字矿山建设、矿业城市科学规划与管理、公共安全与灾害应急指挥、矿区资源与生态环境调查等工作提供现势性强、高空间分辨率的地理空间数据。

（二）地理矿情多源监测信息协同处理理论与方法

由于监测数据具有多平台、多尺度、多时相等特点，需要探寻多源数据协同处理理论与方法，深入研究InSAR地表微小形变提取技术、光学图像与LiDAR数据的协同处理技术、点云数据高精度DEM协同提取技术，建立面向对象的多源监测数据协同提取模型，制订地理矿情专题要素监测标准体系。主要内容包括：卫星遥感、低空遥感、机载LiDAR、合成孔径雷达等遥感技术在地理矿情监测的最优组合方式与技术，在基于目标的多源矿情环境要素信息SVM协同处理技术上实现突破；无人机PS-DInSAR、SBAS等时序SAR影像集

处理技术，矿业城市形变区域主影像选取、PS点识别、模型建立与解算等环节的数据处理算法，实现地表三维形变信息快速准确提取与协同处理；揭示矿业城市土地生态环境信息的“相干－散射－地表物理特性”变化规律，进行土地生态环境信息反演和重构；地表地覆被分类、地表散射能量迁徙、植被指数变化、湿度和温度循环空间等变化规律，建立地理矿情专题要素信息提取技术方法体系。

（三）地理矿情时空信息服务理论与技术

针对矿区/矿业城市海量时空数据管理与应用问题，重点开展大数据管理与组织、时空数据仓库构建、矿区地理空间框架建设、矿区地理共享本体构建、矿区空间数据挖掘与知识发现、矿区空间信息服务机制、矿区时空信息云平台构建及其支持下的示范应用项目建设等方面的研究。主要包括三项内容。

一是重点研究矿区地理空间海量时空数据存储、数据挖掘与智能分析，以及分布式技术支持下的矿区空间数据组织与管理、矿区空间云数据库构建等关键技术。

二是针对地理矿情监测数据具有多要素、多层次、多资源和多领域等复杂性，需要研究矿区本体形式化表达语言，构建准则与方法、构建工具以及本体存储方式，建立完整的矿业城市空间信息本体模型，解决空间数据的语义冲突与不一致性，为“智慧矿山”建设提供一体化三维地理空间框架支持。

三是完善矿区空间数据与专题数据语义服务模型，研究基于工作流支持下的矿区空间信息智能服务与应用模式。

四　地理矿情监测信息发布与增值应用服务前景探讨

针对我国地埋矿情要素特点，以地理学、生态学、运筹学等理论为基础，以揭示矿区/矿业城市的自然地理与人文地理的空间变化与内在联系为目标，提升地理矿情监测信息的增值服务能力，研究地理矿情监测信息分析、评价和描述的理论和技术，构建多因素诱导下矿区时空演变规律分析模型，实现矿业城市动态模拟及发展趋势预测，为制定区域矿业发展战略与规划、优化区域矿业资源开发等提供科学依据和技术支撑。

作为重要的战略性信息资源地理矿情监测成果，应能够向政府、公众、企业的管理决策提供支撑服务。因此，监测成果应用应以决策目标为基础，综合考虑资源型城市的转型与发展、矿区土地复垦与综合利用、地质灾害预警、生态修复、科学规划等社会经济发展规划中存在的问题，为各级政府制定规划和重大决策提供科学依据和技术支撑。

B.11 地理国情监测的需求研究

王 华 陈晓茜 张 凯*

摘 要：

地理国情监测是一项长期、复杂、艰巨的工作。本文通过对当前地理国情监测的现状分析，结合我国基本国情，阐述了地理国情监测应用需求的五个层次，并分别通过各个需求的应用实例进行了说明，并从需求如何转化为应用的角度提出了对当前地理国情监测工作的建议。

关键词：

地理国情监测 应用需求 融合

一 引言

随着现代社会信息化的发展，人类活动对信息资源的整合、加工和利用对社会的各个领域产生了深远的影响。其中，对地理信息资源的获取与分析也成为世界各国动态掌握自然资源分布、生态环境变化、社会可持续发展以及科学决策的重要手段。特别是以地理信息为重要纽带，全面融合了农业、林业、水利、规划、国土、交通等多个行业部门的专题信息构建的地理国情信息综合体系，已成为信息社会不可或缺的重要战略资源。然而，经济社会的发展和地理国情的变化是相互依存、相互作用的。经济社会的发展时刻影响着地理国情的变化，地理国情的变化特征也在一定程度上反映了经济社会的发展趋势。因

* 王华，湖北省测绘地理信息局基础测绘处，处长；陈晓茜，湖北省航测遥感院；张凯，湖北省测绘地理信息局基础测绘处，科长。

此，开展地理国情监测，通过对地理国情信息进行动态的获取、统计、分析和比较，反映经济社会地理国情资源变化的趋势，是经济社会各领域的最广泛的社会需求，已成为今后经济社会科学决策与发展、国家战略资源决策竞争的关键性因素。

二　地理国情监测的现状和问题

国外发达国家因社会信息化程度较高，开展地理国情监测工作较早。发达国家由于对气候变化、生态环境、能源资源、公共安全等问题的普遍关注，对地理国情监测提出了广泛的需求，其监测工作主要由市场引导，需求牵引，发展逐步趋向成熟。这种发展模式是自发的、循序渐进的，它虽然具备由市场需求产生原动力，快速定位应用目标的优势，但也存在由于市场需求的千头万绪导致开展监测工作存在一定的盲目性，以及市场牵引驱动力不足致使地理国情监测发展缓慢等缺点。

我国在 2010 年提出开展地理国情监测任务，首次从国家的高度明确提出加强地理国情监测工作。这种发展模式是以政府为主导，企事业单位为主体，统筹兼顾，从国家层面进行战略规划，这种发展模式具备跨越式发展力度较大、发展速度迅猛的特点，但较之国外发达国家更易受政府决策者影响。近几年我国开展地理国情普查工作取得了一定的研究成果，但还存在很多亟待解决的问题。现有地理国情要素体系与整个信息化社会所包含的要素信息来比，在涵盖内容的丰富程度、具有时空标记的信息数据的搜集与整理、相关监测标准的制定等方面仍显不够。另一方面，由于政府各部门对地理国情监测工作的重视程度不一，致使缺少在政府综合管理与决策层面的数据集成、综合分析以及必要的技术支持系统。这种发展模式对应用需求的整体把握及顶层设计的准确性提出了更高的要求。

因此，鉴于我国现阶段信息化水平较低、信息基础设施还不完善的实际国情，开展地理国情监测应首先做好地理国情监测的顶层设计，根据需求制定准确的工作目标，以此明确地理国情监测的技术路线，避免因顶层设计方向的偏离导致工作开展的盲目性，进而影响地理国情监测工作目标的实现。

三　地理国情监测需求的分析

笔者经过对地理国情监测实践的长期研究，总结出地理国情监测的五种主要需求。

（一）基于地理国情信息的需求

地理国情信息，是融合了基础地理信息，如地形地貌、植被、水域、交通网络、居民地与设施、地理单元等分布情况，和各行业各类专题信息，如温度、湿度、植被覆盖率、土地利用类型等专题的综合信息体系。开展地理国情监测，能够实时获取经济社会各个领域（公安、农业、林业、水利、交通、国土、规划等）与类别、位置、范围、面积等有关的基础信息及空间分布情况，得到监测时刻、空间位置及其对应的属性信息。这类信息是社会公众及政府部门对地理国情信息监测最基础的信息需求。不仅为公安、民政、统计等公共服务部门提供最基础的本底分析数据，也是地理国情监测服务政府、企业和公众的重要手段。

例如，发生地震、洪水等地质灾害时，政府及社会公众迫切需要掌握的就是灾区地形、地貌、交通、河流等现势性的信息，以此掌握灾区人工建筑和自然资源的分布、洪水水位的高度、灾区实时气候以及救援通道的堵点或截断位置等信息，为下一步开展抗灾救援工作提供依据；除此之外，在日常民众的衣食住行中，社会公众对天气、湿度、气温、森林覆盖率、道路交通、城市绿化率、主体功能区规划等基础地理国情信息，也有广泛的兴趣需求。因此，这类基础需求可以通过地理国情普查获取现势数据，及时向社会公众发布最新的监测成果。

（二）基于地理国情信息时空变化对比分析的需求

经济社会对某类地理国情信息，如地下水、河流湖泊、森林、耕地等这些对社会及民生十分重要的地理国情信息的历史变迁情况的掌握也有强烈的需求。通过地理国情监测对需求迫切、影响广泛的历史变迁信息进行长时间的累积监测，利用 GIS、数据分析模型、信息整理与提取等技术对地理国情信息进行时间先后的关联与对比分析，从而反映地理国情信息随时间推移的变化特征，为人类活动对地理国情资源所产生的影响的评估提供重要的科学依据，同时也是一系列治理工程的决策正确与否的评价依据。

例如，我国西北地区水土流失现象和土壤沙化现象比较严重，在这些区域开展地理国情监测工作的时候，重点突出土壤、水文和植被等地理自然要素的动态变化信息，能掌握到一段时期内水土流失的变化情况；而我国中东部地区作为全国粮食的主产区域，也因为产业结构和经济利益等原因，而使大量农田被建设用地所侵占，同时还由于农村劳动力流失和工业污染等原因，导致农用地被抛耕或无法耕种。因此在这些区域，通过重点监测土地利用、耕地数量及质量等情况，通过对比分析，为可能发生的环境恶化情况和自然灾害情况建立预警机制和控制机制，为进一步调整措施、科学治理提供依据。

（三）基于重要地理国情信息实时监管的需求

随着大气污染、水污染、森林退化等生态资源恶性事件频发，经济社会对政府部门建立实时的生态监管网络，对气候变化、土壤状况、空气质量、降水量、水域治理、污水处理和下水道系统等资源治理和监管的水平提出了更高的需求。污染源的实时公开是治理的前提。不仅要求政府监管部门对影响经济社会民生、国家资源的重要地理国情信息能进行实时监控，并且能对已知的监测数据进行对比分析，掌握地理国情信息的变化规律，辅助有关部门对不合理的地理国情要素变化进行及时处理，为行政执法提供科学依据。

例如，水资源作为生态环境的一个重要因素对于人类生产生活都具有不言而喻的重要价值。目前，由工业废水排放、农业污染排放、城市生活污水、垃圾和废气引起水体污染的现象比比皆是，而对这些乱排乱放的违法案件的处理效率却较低。因此，在对水体进行监测时，利用流动监测站、监控镜头和便携式监测分析仪等实时监控设备，对流域水资源进行准实时的统计抽样监测分析，为水污染预防和治理提供准确的水质情报。这样实时监控、实时发现、实时处理的监管方法，不仅大大提高了水资源污染的执法效率，还能及时对污染源做出综合治理，减小污染源的进一步扩大，降低违法行为对水资源的负面影响。

（四）基于地理国情信息影响因子的研究需求

地理国情监测，不仅能够提供地理国情要素基于时间节点的基本信息，还充分利用 GIS、数据分析模型、信息整理与提取技术对数据进行挖掘，获得地理国情信息的数量与质量统计特征、时空分布模式，这为开展地理国情关联影响因子相关的研究奠定了基础。通过开展这类研究，找到某类现象或重要地理国情资源的影响因子的构成，进而挖掘出影响要素之间的相互作用和影响机制，通过综合演变的分析与演示，找到多种地理国情要素随时空演变的发展规律和内在关系，得出地理国情变化的原因，为科学研究开辟了新的研究途径。

例如，在雷电监测中，对地理信息和气象领域的相关资料进行收集整理，通过应用数据挖掘技术，定量分析并挖掘地理信息因素和雷电成因的相互关系，开展雷电活动与地理信息因素之间的关联研究，建立关联关系，便可采取一定的手段减少雷电灾害发生的概率，为雷电减灾研究开辟新的研究途径。经研究，可采用人工手段改变该区域的局部地形地貌或其属性，如在水域附近配备排水设施，人为制造排风道，更换植被种类，改变土质成分等方法来减小雷电的发生频率。

（五）基于地理国情要素演变预测的需求

利用卫星遥感技术的实时优势，结合地面观测手段，促使监测工作从时间和空间维度上获得极大的提升，从而为综合演变分析创造了条件。目前，很多职能部门在管理过程中，由于缺乏科学的数据，致使在面临重大决策时无法进行有针对性的调度，从而导致决策的失误。通过不同时段的地理信息的动态监测，揭示监测对象的变化规律，分析其内涵与特点，预测其发展演化趋势和方向，将会使地理国情监测在重大工程决策、应急事件、地质环境灾害预警等方面发挥重要的作用。

例如，三峡蓄水以来，周边的生态环境包括移民环境容量、土壤侵蚀、物种资源和自然景观及其变化、产沙规律、农田地表径流、污染等都发生了一些变化，这些变化对周边生态环境影响的论证长期以来都是经济社会十分关心的问题。通过地理国情监测，重点监测地下水、蓄水量、水体泥沙含量、降雨、水质等与生态环境相关的影响因子，挖掘影响因子的相互作用、相互影响的内在联系，从而对其生态环境的变化进行推演，找到生态环境变化的趋势，为有可能的地质灾害和环境污染作出科学预警，以达到为重大工程的评估认证和科学决策的目的。

四　对地理国情监测工作的建议

需求是牵引，应用是目的。对如何实现地理国情监测工作从需求到应用的转化，进一步推进地理国情监测工作的科学发展，笔者通过多年的实践总结了以下几点建议，供大家参考。

（一）在统一标准、统一认识、统一表达方式的基础上，不断完善地理国情信息

地理国情监测是测绘地理信息工作的扩展与延伸，而在监测对象、监测手段、监测成果等方面又有所不同。首先应以地理国情普查为契机，进一步丰富普查本底数据库，建立内容更丰富、信息更全面的地理国情信息体系，以适应经济社会发展的需求。同时利用基础测绘、数字城市建设的资料成果充实地理国情要素体系，保持地理国情要素体系的开放性和可扩充性。其次，要注重对地理国情要素的历史数据的整理，注意搜集多时相数据。通过对其历史信息进行分类、分析和处理，获得地理国情要素随时间变化的基准统计信息，为下一步的规律推演奠定基础。另一方面，应注重相关行业的融合，包括基础资料和专题资料的叠加融合、技术手段的融合以及相关标准的融合，以满足对专题信息有明确要求的地理国情监测的需要；还需要对地理实体对象进行研究并形成正确的认识，和有关专业部门共同确定监测的地理实体对象的定义和分类，明确监测、统计、分析的技术方法和工艺流程。因此，站在监测的角度，需要统一测绘地理信息和专题信息的标准，统一地理国情要素的表达方式，统一测绘地理信息部门和专题部门对地理国情监测工作的认识，形成全面、丰富、可靠的地理国情信息。

（二）加强信息化体系建设，健全完善的地理国情监测及处理体系

目前，在全球经济一体化的形势下，地理国情监测范围不再局限于专业部门，而是扩大到信息社会的各个领域，这与建立现代化的信息化体系密不可分。因此，做好地理国情监测，应加强信息化体系建设。主要包括加强相应的监测技术体系、装备设施、软件工具及技术标准等，实现实时有效的地理信息综合服务，达到数据获取实时化、信息交互网络化、基础设施公用化、信息服务社会化、信息共享法制化、技术体系数字化的目标。除此之外，要不断健全完善地理国情监测及处理体系等相应机制。不仅要建立地理国情监测数据管理的信息体系构架，采用被经济社会认可的监测手段和信息分析方法来开展监测，还要建立政府职能部门有关的实时监督及处理体系，对政府有关部门的职能进行补充完善，建立地理国情监测的监察管理条例、产品使用规定以及保密制度，形成地理国情监测的长效机制，不断完善地理国情监测为社会提供多尺度、多形式、实时有效的地理信息综合服务的组织机制保障。

（三）开放包容性的地理国情监测相关研究，全面提升数据分析处理能力

地理国情要素的变化，涉及经济社会各行各业的基础和专题信息数据，影响因子和变化原因是复杂的，单一的知识结构和技术手段无法满足人类社会关注地理国情变化及综合应用或治理的需求。因此，开展地理国情监测首先应吸收各专业部门的专业知识，充分利用基础数据和专题数据资源，融合各部门的技术手段和监测装备，开展对地理国情因素影响因子的综合研究，建立一套科学的研究分析体系。另一方面，需要建立融合了各专业知识的数据处理分析系统，全面提升数据处理分析及研究能力。科学严谨的数据分析工具有利于对各类专题信息要素和地理信息要素进行挖掘、对比、分析和展现，同时通过建立地理国情综合分析方法和模型，将地理国情涉及的各类专题科学分类，建立适用于不同专业的数据分析方法和模型，以求最大化地挖掘地理国情多个要素间的关联关系和变化规律，以此发挥数据分析的作用，不断提高地理国情监测成果的可靠性和权威性。

（四）在应用实践中不断完善辅助决策预测的知识体系

随着地理国情监测应用的不断深入以及各专业学科的不断发展，地理国情监测的手段和方法不是一成不变，同时致使挖掘的地理国情变化的规律在辅助决策方面也存在一定的局限性。因此，应紧密结合实际项目实践，根据科技进步、环境条件、思想认识的不断发展，对地理国情信息进行综合推演，对已有的辅助决策的预测进行验证，从而不断调整预测模型，完善预测知识体系。同时，以各学科最新的技术手段、实施地理国情监测的成果为基础，构建决策主题研究的相关知识库、分析模型库和研究方法库，建设并不断完善辅助决策系统，为决策主题提供全方位、多层次的决策支持和知识服务，为行业研究机构以及政府部门提供决策依据，起到帮助、协助和辅助决策者的目的。

五　结语

地理国情监测是一项长期、复杂、庞大的系统工程，是反映一个国家的社会经济发展状况、自然地理环境、文化历史传统以及国际关系等各个方面情况的总和，是立足于国家发展战略和重大工程科学决策的客观基础，也是优化国土空间利用、推动经济发展方式转变的重要手段。现阶段，我国正处于开展地理国情普查、推进地理国情监测的重要时期。作为测绘地理信息部门，有责任抓住机遇，有所作为，以加速地理国情监测相关综合知识研究为抓手，以建立地理国情监测及处理体系为手段，融合相关行业部门，综合运用空间统计分析、时空数据挖掘与知识发现等技术，开展地理国情时空特征的综合分析、时空变化评估与趋势预测，让地理国情监测为政府战略决策和长远发展提供更科学的决策支持。

应用服务篇

Application and Service

我国地图出版业转型升级之路

——大趋势大发展形势下的中国地图出版集团

赵晓明*

摘　要：

我国地图出版业既是测绘地理信息产业的重要组成部分，同时也是具备专业特色、无限创意和丰富应用的文化产业，身处两大快速、蓬勃发展的产业中，如何把握机遇、开拓创新，走出一条科学发展的转型升级之路，亟须深入研究、探索与实践。本文通过对我国地图出版业现状、形势和发展的分析，结合我国地图出版业中的重要主体——中国地图出版集团的转型升级的实践，探索地图出版业转型升级的科学发展之路。

关键词：

地图出版　转型升级　科学发展

* 赵晓明，中国地图出版集团董事长。

我国文化产业正处于新的发展机遇期，党的十八大对文化改革作出重大战略部署，提出了“扎实推进社会主义文化强国建设”的要求，体现了我党建设社会主义文化强国的自觉和自信，强调了深化文化体制改革、解放和发展文化生产力，坚持把社会效益放在首位、社会效益和经济效益协调统一的方针，为文化产业快速发展指明了路径和方向。国务院办公厅关于促进地理信息产业发展的意见中，提出要“促进地理信息深层次应用。推进面向政府管理决策、面向企业生产运营、面向人民群众生活的地理信息应用。繁荣地图市场，鼓励制作和出版多层次、个性化、群众喜闻乐见的优秀地图产品，开发出版城市及公路水路交通多媒体地图和三维虚拟地图等特色地图。积极发展地理信息文化创意产业，开发以地图为媒介的动漫、游戏、科普、教育等新型文化产品，培育大众地理信息消费市场。”一直以来，我国地图出版业既是测绘地理信息产业的重要组成部分，同时也是具备专业特色、无限创意和丰富应用的文化产业，身处两大快速、蓬勃发展的产业中，如何把握机遇、开拓创新，走出一条科学发展的转型升级之路，亟须深入研究、探索与实践。

一　测绘地理信息大发展文化大繁荣中的地图出版业

我国测绘地理信息产业与文化产业近一时期的蓬勃快速发展，都是在深入贯彻落实党的十八届三中全会精神、以习近平总书记系列重要讲话精神为指导的基础上取得的，也都是以全面深化改革为动力、以扩大社会应用为重点、以服务经济社会民生为目的发展的。身处两大产业之中的地图出版业，一直以来都是“近距离”服务国家、服务社会、服务民生的窗口，所生产的产品都与广大人民群众的生产生活息息相关。可以说地图出版物是测绘地理信息成果最直观的反映，也是测绘地理信息工作服务社会最为丰富和广泛的产品，要清晰准确地了解地图出版物——这一人类空间认知信息、地理信息的主要传承载体，必须根据其服务社会功能、产品形态、传播技术等细分市场特征分析研究。目前，我国地图出版物主要包括中国和世界的政区类地图、交通类地图、旅游类地图、生活类地图和其他专题类地图，测绘地理信息和地理、历史、旅

游类文化图书，地理、历史和社会等学科的教学图册和教学地图、技术资料和工具书等，以及导航电子地图、互联网地图、手机地图等新媒体地图。随着社会进步和科技发展，虽然地图出版物正加速与现代科技融合，促进了地图的产品形态和服务方式发生变革，但未来一段时间还是以传统纸质产品与新媒体产品并存发展为主线。根据目前相关市场监控数据显示，我国地图出版业的年产值约为 14 亿元，主要有三大类细分市场。

（一）教学地图

市场产品主要包括地理、历史和社会等中小学教学地图、地图册、教学挂图和填充图册等地图出版物（见图 1），年产值约为 10 亿元。市场主体主要包括中央部门、地方政府和军队所属等 7 家出版机构。市场主要影响因子为中小学学生的数量、国家课程标准、教材内容的修订和审查政策、各省市用书目录以及相关准入和征订政策、相关教材的定价、政府采购、环保印刷政策等。目前这一细分市场受政策与监管等因素影响，整体处于相对稳定趋势中，但同业竞争剧烈、恶性竞争的情况时有发生，甚至不具备教学地图编制、出版资质和能力的各类机构也混迹在市场中。

图 1　中国地图出版集团出版的教学地图出版物

（二）实用参考地图

市场产品主要包括中国和世界的政区类地图、交通类地图、旅游类地图、生活类地图和地球仪、立体地图、地图文化创意产品等其他专题类地图（见图2），年产值约为4亿元，从2014年1～5月的市场情况来看，政区类地图、交通类地图和其他地图的市场码洋比例最高（见图3、表1）。市场主体主要包括中央部门、地方政府和军队所属等70多家出版机构。市场主要影响因子为人民群众生产生活需求的变化，如交通出行、旅游指引、科学研究、商业布局等，同时也受到导航电子地图、互联网地图、手机地图等新媒体地图免费使用的巨大冲击。目前这一细分市场整体处于基本稳定趋势中，市场主导产品向具备优势资源的市场主体集中，市场产品所体现的社会效益显著，但经济收益微薄。

图2　中国地图出版社出版的实用参考地图出版物

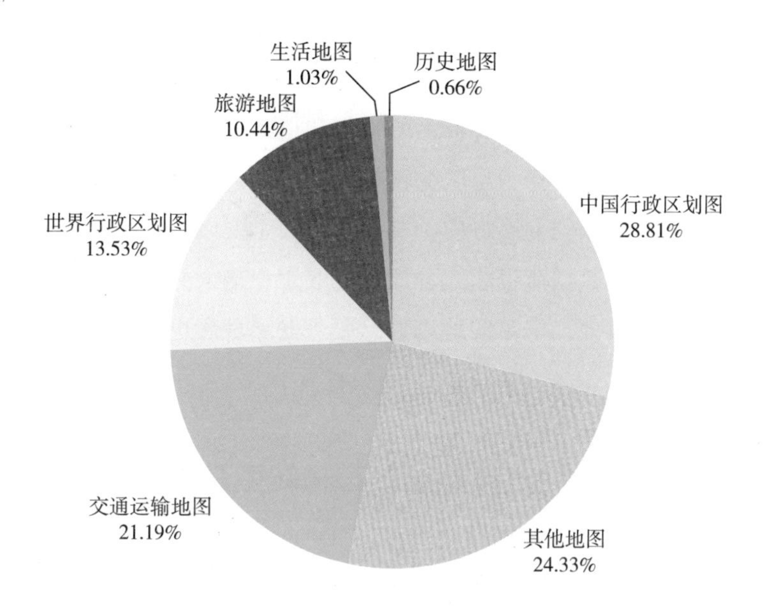

图 3　2014 年 1 ~ 5 月实用参考地图市场码洋比例

表 1　2014 年 1 ~ 5 月实用参考地图市场构成情况

分类	码洋占有率(%)	动销品种	动销品种占有率(%)	出版效率
中国行政区划图	28. 81	1541	33. 77	0. 85
其他地图	24. 33	645	14. 14	1. 72
交通运输地图	21. 19	919	20. 14	1. 05
世界行政区划图	13. 53	533	11. 68	1. 16
旅游地图	10. 44	788	17. 27	0. 60
生活地图	1. 03	68	1. 49	0. 69
历史地图	0. 66	69	1. 51	0. 44

（三）新媒体地图

市场产品主要包括导航电子地图、互联网地图、手机地图等，年产值约为16 亿元，但其作为出版物产品的销售额极小。市场主体主要包括导航地图企业、互联网企业、移动互联网企业等。市场主要影响因子为综合服务类网站的互联网地图应用普及、移动互联网及通信技术的升级提速、汽车年销售数量及装配车载导航系统的数量、移动终端应用相关的数字出版法规和政策等。这一细分市场整体处于快速增长的趋势中，统计数据显示，我国导航电子地图设备年销量已超过1500万台，手机移动互联网地图用户已超过7亿，但导航电子地图产品逐步减少了电子出版物形式的销售和更新，手机移动互联网地图已全面实行免费使用，不单独作为出版物销售。手机移动互联网地图以全新的商业模式引领着新媒体地图的发展方向，其商业模式主要以互联网服务整体应用广告收入、移动互联网数据流量收入分成、商业用户接入交易额返点等新方式体现，同时其实用、方便、丰富的地理信息服务发展理念也有效促进了地图出版业的转型升级。

二　地图出版体制改革和转型升级之路

近几年来，地图出版业的蓬勃发展，得益于国家陆续出台推动文化大发展大繁荣的产业振兴政策。2009年9月，国务院发布《文化产业振兴规划》，第一次把文化产业纳入国家战略发展规划；2010年3月，中宣部、中国人民银行等九部委联合颁发了《关于金融支持文化产业振兴和发展繁荣的指导意见》，被视为最具实质性的扶持举措；2011年10月，十七届六中全会审议通过的《中共中央关于深化文化体制改革、推动社会主义文化大发展大繁荣若干重大问题的决定》，更使文化产业的地位得到了前所未有的提升。党的十八届三中全会提出要加快完善文化生产经营机制，推动社会主义文化大发展大繁荣。至2015年，文化产业在GDP中的比重有望从2010年的2.75%增至5%以上，新增产值超过1.8万亿元，这些增加值无疑将由现代文化企业来创造与承载。在文化大发展大繁荣的时代浪潮中，在国家测绘地理信息局的正确领导下，地图出版企业组建了专业优势强、市场知名度高、转型发展快的文化企业集团，取得了社会效益和经济效益双丰收，展现了科学发展的转企改制和转型升级之路。

（一）深化文化体制改革、组建地图出版集团

按照中央推动文化体制改革政策的要求，我国主要地图出版单位经过转制方案申报、清产核资、文资办审核、工商登记等程序相继完成转企改制工作，

中央部门、地方政府所属近10家专业地图出版机构，顺利由事业单位向现代企业转变，运营方式的转变激发了员工的积极性和企业发展的活力，研发了丰富的高质量地图出版物产品，社会效益和经济效益得到了有效提升。军队地图出版机构依旧亨受着国防经费支持，并在军队管理体制内进入市场。

2010年9月，为进一步贯彻落实中央深化文化体制改革的战略性任务，促进增强我国文化的整体实力和竞争力，推动文化事业全面繁荣和文化产业快速发展，经中央各部门各单位出版社体制改革工作领导小组批准，中国地图出版社、测绘出版社、中华地图学社在国家测绘地理信息局的领导和支持下，以改革、发展、稳定为主线，以打造国家地图文化产业航母为目标，扎实推进体制机制创新、统筹规划出版资源、积极拓展业务领域、全面推进现代企业管理，积极组建中国地图出版集团（以下简称中图集团），深入落实文化改革发展各项任务，为地图出版业发展繁荣建立了坚固的企业平台。

（二）推进体制机制创新，解放发展文化生产力

中图集团作为我国地图出版业中的主体力量，在组建之初，就深入研究文化体制改革政策，并根据上级部门批复的集团组建方案，在广泛听取各方面意见的基础上，扎实推进体制机制创新，全面按照现代企业法人治理结构，重新整合了集团的组织机构和业务板块。在深化落实组建方案的同时，以制度创新为重点，通过全面建立内部管控体系、流程体系和制度体系，进一步完善了内部运行机制，实现了责、权、利分明。

近几年来，中图集团深入推行现代企业运营管理，始终坚持以科学发展为重心、以提升经济效益为中心，围绕产业结构调整、业务布局、资源整合、盈利模式创新等主线，建立了以集团董事会、总经理办公会为核心的决策运营机制，并严格落实了对重大生产经营事项审议、决策的工作程序，有效提升了战略实施、企业运营、业务拓展等核心工作水平。在创新现代企业管理体制的同时，建立了以二级单位为利润中心的经营机制，企业内部实行模拟法人制，进行全成本核算，成立了3个管理中心、6个职能部门、7个业务部门、5个子公司以及4个控股公司。通过现代企业财务预算管理、绩效考核管理等方式，对二级单位实行公司化规范运营，激发了全体职工的工作热情和主动性。

为适应企业化运营发展的新形势和新需求，中图集团不断摸索运营管理中的新经验和新方法，注重以制度建设保障体制机制创新实施，制定、实施并持续优化了《中国地图出版集团章程》、《中国地图出版集团组织结构设置方案》、《中国地图出版集团薪酬制度》等60余项现代企业规章制度。通过全方位的流程体系设计工作，对改制后全新的组织机构办事流程进行了规范化、精细化管理，制定并发布了《董事会、监事会会议管理流程》、《总经理办公会会议管理流程》等32项工作管理流程。全面强化了工作环节中的责任意识，提高了经济运营效率，推动了地图出版工作的良性发展。

中图集团在推进体制机制创新过程中，不断深化企业劳动、人事和分配三大核心制度改革，紧密围绕改革、发展、稳定大局，时刻关注企业发展和员工成长之间的重要联系，建立了按需设岗、按岗定责，以职位为核心的考核机制，实现了按岗定酬的全新的用人和考核体制，并据此完成了全员竞岗工作，打破了原事业体制下的收入分配体系，全面提升企业的发展动力与持久力。同时，建立了全新的现代企业绩效管理激励约束机制，实施了以关键绩效指标为核心的考核方法和以绩效指标库为支撑的绩效管理体系，将集团战略发展指标层层有效分解到责任人，突出了每个职位的绩效水平对于企业发展的贡献度及重要作用，体现了每一个职位的岗位价值，由此提高了员工成长与企业发展的一致性。在选人用人机制方面，中图集团不拘一格、积极吸纳各类优秀人才，同时采取了内部竞聘与外部招聘相结合的形式，保证了员工的自由流动和市场化人才的优选机制。通过转企改制以来的深入探索，中图集团以提升员工的工作水平和幸福感为着手点，将个人绩效和组织绩效挂钩，帮助员工在实现个人目标的同时，保证企业绩效的最大化和发展战略目标的实现，充分调动了员工积极性和企业发展活力，有效地解放和发展了地图出版生产力。

（三）服务测绘地理信息工作大局，社会效益和经济效益协调统一

多年来，中图集团始终坚持把社会效益放在首位，通过进一步厘清地图出版资源属性，为实现社会效益和经济效益的协调统一创造条件。中图集团坚持出版精品地图，不断加大对具有社会效益板块的投入，如应急服务保障任务和反映国家地图编辑水平的重大图集项目等，进一步体现并强化了测绘地理信息

文化企业服务国家、服务社会、服务民生的窗口作用，有效提升了地图出版企业的社会影响力。转企改制以来，中图集团大力投入开发原创的、精品的、展现国家级地图编辑水平的产品，屡获中国出版政府奖项、国际制图大会ICA地图奖、“三个一百”原创图书工程奖、地理信息科技进步奖等重要奖项，不断在社会效益方面取得进步和突破。

与此同时，中图集团通过深入分析市场和政策环境、统筹规划资源、优化产品线布局，制定了战略发展规划，明确了以地图文化为核心，以社会应用服务为着力点，以改革创新为驱动力，以转型升级为战略，以地理信息技术为支撑，总结提炼出实现跨越式发展的改革发展目标。按照打造国家地图文化产业航母的发展要求，确立了推行现代企业制度，树立“开放、合作、共赢”的三大发展理念，根植于教育、地理信息、旅游三大产业，培育数据（内容资源）、创意（智力技术资源）、人才（人力资源）三大核心竞争力，利用资本、文化、技术三种力量，推进地理信息与出版传媒业务融合，由传统出版向全媒体数字出版转变，由粗放经营向集约经营转变，逐渐发展成为内容（数据）提供商、生活服务商、平台运营商的改革发展路径。实施务实的改革发展行动，始终秉持“改革只有进行时没有完成时”的改革发展理念，以更坚决的态度，更有力的措施，坚定不移地在更高起点上加快推进改革发展步伐，全面促进繁荣地图出版市场，编制和出版多层次、个性化、群众喜闻乐见的优秀地图产品，有效提升了集团经济效益。

1. 充分整合专业资源，提升综合竞争实力

为进一步整合资源，实现参考地图市场全覆盖发展战略，中图集团科学引入优势民营资本，由中国地图出版社与北京天域北斗图书有限公司强强联合，组建中图北斗文化传媒（北京）有限公司，实施合作共赢的发展机制，充分整合了专业资源，提高了中图品牌知名度。在通过优势互补、充分发挥国企与民企不同机制优势的基础上，探索和实践新的经营管理模式，有效降低了竞争成本，提高了实用参考地图产品的盈利能力，扩大了市场占有率，增强了市场话语权，实用参考图出版实力显著增强。根据权威数据显示，中图集团地图出版物全国市场占有率稳居55%以上，各省份、地区市场占有率基本控制在50%以上，其中北京市场占有率为80%以上（见表2）。

表2　2014年1~5月实用参考地图市场前10位出版机构

码洋排名	出版社	码洋占有率(%)	动销品种占有率(%)	动销品种	出版效率
1	中国地图出版集团	55.08	38.20	1743	1.44
2	山东省地图出版社	9.78	5.54	253	1.76
3	星球地图出版社	8.68	14.97	683	0.58
4	成都地图出版社	6.03	9.51	434	0.63
5	人民交通出版社	5.23	3.24	148	1.61
6	地质出版社	3.65	3.44	157	1.06
7	湖南地图出版社	2.90	4.54	207	0.64
8	广东省地图出版社	2.20	4.32	197	0.51
9	哈尔滨地图出版社	1.84	4.30	196	0.43
10	福建省地图出版社	1.17	3.73	170	0.31

2. 全力把握发展契机，建设国家地图文化产业基地

在国务院《文化产业振兴规划》关于加强文化产业基地建设的精神指引下，中图集团全力把握发展契机，积极申报“国家地图文化产业基地”项目并获得新闻出版广电总局批准，成功进入国家文化产业发展项目库。

国家地图文化产业基地以八个中心一个馆为核心设计理念，总体规划架构为地图出版传媒创新发展中心、地图技术研究和开发中心、地图出版人才培养中心、全球地理信息收集整理与国际边界地名研究中心、地图应急保障服务中心、国家版图宣传教育中心、地图文化创意中心、古地图整理和研究中心和中国地图文化馆。“国家地图文化产业基地”建设，为中图集团的科学发展创造了有利条件和坚实基础，各中心创新发展理念，创新发展模式，创新产业集群以及创新制度设计，为中图集团的全面可持续发展带来了新的机遇、注入了新的活力，为加强科技项目、延伸业务链条、推动出版转型、增强社会效益带来了积极而深远的影响。

国家地图文化产业基地实施运营以来，立足八个中心一个馆的核心设计理念，不断与时俱进、逐步落实各中心建设与运转。其中，地图应急保障服务中心进一步加强了地图应急保障工作和服务政府执政管理的地图编制出版工作，提升了集团应急保障服务工作水平；地图文化与创意国家测绘地理信息局工程技术研究中心获得国家测绘地理信息局论证通过，提升了集团地图文化产品自

主创新能力；国家版图编制教育传媒中心由国家局授牌成立，进一步丰富了国家地图文化产业基地的内涵，明确了国家地图文化产业基地的社会责任；经教育部等23个部门联合批准与武汉大学联合建立地理信息系统国家级工程实践教育中心，为集团发展提供了全面的人力资源保障。成立以来，国家地图文化产业基地有效地提升了地图出版工作的社会影响力，展示了国家级水平的地图文化产业平台，已逐步成为我国地图出版业转型升级的核心基地。

3. 把握转企改制机遇，依托政策谋求发展

中图集团积极把握文化体制改革发展机遇，利用地图文化专业优势资源，发展地理信息文化创意产业，以大项目开发为发展契机，开发了一系列以地图为媒介的动漫、科普、教育等新型文化产品和地理信息应用项目。转企改制以来，陆续成功申报新闻出版广电总局改革发展项目库项目、财政部文化产业发展专项资金和国有资本经营预算支出项目、测绘成果应用推广项目、国家基础测绘项目、国家出版基金资助项目等，累计获得财政支持项目资金5000万元以上。通过紧密跟踪中央和各省市等对文化企业发展的支持政策，精准、有效地争取了国家财政重大项目资金支持，通过项目实施培养了一批地图出版企业所需的复合型人才，依靠政府项目带动完成了地图出版企业转型升级所需的基础设施建设和数据资源建设，进一步夯实了中图集团地图出版主业根基。

4. 整合旅游出版产业链，丰富群众生活地图应用

中图集团依托地理信息产业，积极面向人民群众生产生活需求开发地理信息应用产品，丰富和繁荣大众消费地图文化产品，努力实现地图文化与科技的深度融合、地图文化与出版的深度融合。通过统筹规划旅游产品线，逐步形成以优质旅游图书、旅游交通地图为核心，以旅游文化产品、旅游杂志为两翼，以旅游数字平台为基础，以旅游活动为载体，以整合营销为驱动的战略布局。通过建立以构建地理信息服务为核心的数字出版体系，整合及拓展大众地图出版，将传统出版延伸到旅游服务业，不断提升中图集团地图出版领域的优势产品和盈利能力。

中图集团与国际知名的旅游图书出版公司孤独星球（Lonely Planet）开展旅行指南图书出版项目合作以来，双方紧密配合，全力拓展业务板块，开拓创新了一大批国内领先的一流产品（见图4），在市场中树立了强势品牌形象，得到了读者的喜爱和追捧，使中图集团的旅游图书市场占有率由0.34%迅速提升至6%以上，并有多个品种进入销量排行榜前十名，出版效率位居前列（见表3）。

图4　中国地图出版集团旅游图书出版物

表3　2014年1～5月旅游图书市场前10位出版机构

码洋排名	出版社	码洋占有率(%)	动销品种占有率(%)	动销品种	出版效率
1	中国旅游出版社	13.10	10.69	716	1.23
2	人民邮电出版社	11.39	7.06	473	1.61
3	中国铁道出版社	9.03	4.75	318	1.90
4	广西师范大学出版社	8.09	4.34	291	1.86
5	中国地图出版集团	6.64	1.45	97	4.59

续表

码洋排名	出版社	码洋占有率(%)	动销品种占有率(%)	动销品种	出版效率
6	化学工业出版社	5.02	1.73	116	2.90
7	旅游教育出版社	4.06	6.28	421	0.65
8	电子工业出版社	3.28	2.06	138	1.59
9	青岛出版社	3.22	0.46	31	6.96
10	中国轻工业出版社	2.96	1.18	79	2.51

转企改制三年多以来，中图集团在坚持弘扬地图出版社会效益的同时，全面按照现代企业运营管理，大力研发面向政府管理决策、面向企业生产运营、面向人民群众生活的地理信息应用产品，取得了广泛的市场认可和良好的经济效益。截至2013年末，中图集团资产总额已超过12亿元，形成了负债额度小、企业资产活力高的优质资产，其中资产总额年平均增加率5.75%，营业总收入年均增速11.88%，实现了经济效益总体良好、平稳持续增长。

三　转型升级是需要长期坚持的科学发展之路

未来，社会经济和科学技术的迅速发展及市场消费主体的理念变化，都要求市场主体能够准确把握市场需求的变化，迅速转型、服务升级，因此转型升级不可能一蹴而就，也不可能一劳永逸，必须走长期坚持的转型升级科学发展之路。

（一）合作共赢、融合发展

地图出版物是最直接服务政府管理决策、企业生产运营、人民群众生活的地理信息应用产品，地图出版企业必须理性协同发展，丰富和提升测绘地理信息产品功能，关注用户需求，研发各式各样地图文化产品，才能培养和拓宽地图出版市场。必须共同发挥专业优势，整合各类资源，创新新型业态，构建产业集群，延伸产业链条，将整个地图出版业的力量融合起来，共同发展，合作共赢，才能协同打造出专业化、集团化、数字化、多元化、国际化的地图出版航母。必须放弃低水平的市场竞争，摒弃大量同质产品低价竞争，将各方优势资源集中，并找到融合发展的着力点，实现以地图文化与创意为核心，以旅游及地理信息服务为着力点，以创新为驱动力，以地理信息技术为支撑，以全面转型为战略，整个行业才能与新媒体共存共荣，实现整体的持续健康发展。

（二）深化改革、体制创新

文化市场的繁荣发展已经展现出国家深化体制改革政策的振兴成效，造就一流的文化企业集团是深化文化体制改革的一个显著的成功标志，将文化生产力凝聚成为经济社会发展的强大创造力和支撑力，打造大型地图出版集团，是进一步加快地图文化产业改革发展的必经之路。加强现代企业制度建设、推行现代企业运营管理、做大做强产业规模，需要横向融合，加强地图出版企业之间的融合，地域、区域之间的融合，专业特色之间的融合，新老媒体之间的融合，不同所有制之间的融合，真正打造差异化、优质化的产品线；同时也需要立体融合，建立以国家地图文化产业基地为基础，上游与地理信息产业衔接，中游夯实传统出版业务，下游向地图公共服务、地图文化及旅游服务延伸的全产业链发展格局。

要实现企业集团的自由融合，地图出版集团亟须建立明晰的集团产权制度，实现所有权和经营权的明确界定，实现以资本为纽带的法人治理结构，建立集团内部母子公司之间的集权与分权平衡管理制度，实现集团战略与子公司发展目标的有机统一。

（三）科技创新，打造平台

地图出版企业的核心竞争力来源于主营产品的核心价值，对服务对象需求的精准定位能够更好更快地打造核心价值，有效的影响力策略可以引导文化产品需求的走向。每一次社会经济发展的重大变革都源自科技的革新，以地图文化为核心，建设地图传媒大平台、打造地图出版大集团是可以进一步实现资源有效整合的途径。

目前地图出版业中占据优势地位的出版资源，在集团化的作用下，可以通过对现代技术的引进和融合形成强大影响力的地图传媒大平台，能够实现优势资源的快速融合。从实际工作出发，大型地图出版集团通过科技创新，集合现

有优势出版资源和产品线资源，建设一个精确定位的地图文化传媒大平台，通过平台呈现多元化产品，降低产品传播成本，提升老产品盈利空间，快速推出新产品，从而实现集团的转型升级。通过地图传媒大平台的强大吸引力，将各类地图产品与消费者需求高度黏合，使集团在研发产品转型升级过程中能够平稳过渡，实现不流失老客户而不断吸引新客户，将资本、技术、产品、渠道、营销、消费链接到一个平台上。同时，坚持以地图文化与创意为核心，以地理信息技术为支撑，通过不断把握市场发展趋势和需求变化，以持续的技术创新带动企业转型升级，以实用、方便、权威、丰富的产品与消费者保持近距离的黏合度，通过黏合和链接大量的消费者形成良好的社会效益和经济效益，全力打造地图出版航空母舰，更好更快地推进现阶段的科学发展转型升级之路。

B.13
我国卫星导航与位置服务产业发展现状分析

苗前军*

摘　要：

本文对2013年我国卫星导航与位置服务产业发展状况进行了整体性描述，反映了产业年度发展最新状态和趋势。从区域产业发展、应用市场发展、产业链发展等多个方面介绍了产业年度发展的综合现状，并就年度产业发展新动态、新特点、新形势和新观点进行了归纳总结。

关键词：

卫星导航　位置服务　产业分析

一　发展现状

（一）概述

2013年我国卫星导航与位置服务产业总体产值超过1040亿元，与2012年相比增加了28.4%，其中北斗产值（含投资）超过100亿元，约占9.8%。随着北斗的兴起和发展，产业热度持续升温，新增投资和新增企业进一步降低了市场集中度。行业内共有14家上市公司，其卫星导航相关产值约占全行业的6%，产业内大多为小微企业。据统计，我国导航定位终端的总销量超过3.48亿台，其中带导航功能的智能手机销售量占总比约为

* 苗前军，中国卫星导航定位协会常务副会长兼秘书长，博士。

95%。截至2013年底，我国北斗终端社会持有量已超过130万套。现阶段我国涉足卫星导航与位置服务产业的企事业单位数量超过一万多家，从业人员数量接近33万人。

（二）应用市场发展

根据卫星导航与位置服务市场中消费用户的分布情况，主要分为大众（个人）应用市场、行业（领域）应用市场和特殊（安全）应用市场三大类。

大众（个人）应用市场主要包含移动终端应用、私家车辆应用、互联网应用、个人位置服务应用、旅游休闲运动应用和游戏娱乐应用等方面，是未来产业发展的重心和依托市场。大众应用市场目前主要集中在手机位置服务和个人车辆应用两大细分市场。我国已经成为汽车产销量第一大国，2013年全国汽车销量超过2100万辆，随着北斗系统的逐步完善和终端价格的逐步下降，北斗/GPS双模的汽车导航产品将成为主流；此外，当前私家车车载终端装配率还不足10%，北斗在个人车载终端市场中将极具发展潜力。2013年国内汽车监控终端销售收入约60亿元，车辆前装市场终端销售收入超92亿元，车辆后装市场终端销售收入超188亿元，个人导航仪终端年销售收入约5亿元。2013年，智能手机市场有爆发性增长，大众应用类终端销售与相关位置服务的总产值已超过200亿元。

行业（领域）应用市场主要包括国民经济各方面领域建设，以及城市管理、防灾减灾、环境治理等诸多应用方面，是当前产业发展的关键及核心市场。在三大应用市场相对占比中仅次于大众应用市场，是今年产业发展的主要增长点。在行业应用市场中，交通领域应用所占份额最大，2013年行业车辆监控终端销售收入约60亿元，驾考车成为高精度应用的新增亮点，市场规模已超过8亿元。在测绘应用领域，2013年高精度手持终端销售总额约2亿元，RTK高精度接收机销售总额超过20亿元。

特殊（安全）应用市场主要包括军事应用、公安武警应用和安全应急救援等方面，在三大应用市场中相对占比最小，但却是产业发展的高端市场，当前该市场发展正处于持续稳定增长期。随着2013年底北斗导航系统的正式运行，北斗开始在国内军事应用市场中唱主角，呈现批量性采购和规模化应用势头。军事应用涉及军事能力建设的方方面面，几乎应用于所有新式武器装备和作战系统之中，随着我国军事信息化建设预算的不断增加，国防领域对卫星导航与位置服务技术的巨大需求将得到持续释放。此外，在安全应急救援领域，随着我国自然灾害监测与防范体系建设和突发事件应急处置能力建设的规划发展，潜力巨大的应急救援市场也将迎来一个持续稳定的增长期。

（三）北斗系统应用情况

2013 年我国北斗卫星导航相关产值达到 100 亿元，统计过程中还包含了生产及经营性投资，该部分产值在我国整个卫星导航与位置服务总产值中的占比尚不足 10%，但较 2012 年增长了 150%，增速明显。2013 年北斗芯片年出货总量超过百万片，增幅可达十倍，北斗终端社会总保有量已至 130 万台，其增量主要集中在 2013 年度。总体而言，2013 年国家相关政策、意见及规划的出台促进了市场投资，使政府采购的积极性得以提高，政府建设和项目型投资稳定了北斗相关产值的快速增长，市场领域的显著拓宽创造了新的产值，企业并购的集中发展扩大了产业总规模。基于北斗市场规模的快速发展，国内相关企业借势获得的政府项目和北斗订单显著增加，北斗产品已在交通运输、海洋渔业、气象预报、大地测量、救灾减灾、车载导航等诸多领域得到广泛应用，国产北斗芯片、模块等关键技术全面突破，国内主要车载导航企业中有近十家已经实现了北斗产品的批量化生产，形成了较为完整的基础产品、系统应用、应用终端和运营服务产业链配套体系。

2013 年，交通部已在九省市的近 15 万辆“两客一危”重点运营车辆上安装了北斗终端，对运输过程中非法运营、违章驾驶等行为进行监控，提高了安全管理。该示范工程吸引了百余家终端企业进入北斗领域，创造产值两亿多元，同时促使北斗芯片价格大幅下降，加快了北斗应用推广的产业化进程。

我国已具备完整的北斗高精度应用的技术储备，能满足从静态到动态、从事后到实时的多种高精度应用需求。在 2012 年之前，我国的高精度定位 OEM 板卡市场几乎全部被国外企业垄断，而随着国内企业相继研发成功北斗高精度定位 OEM 板卡产品，生产出具有自主知识产权的高精度北斗定位接收机，北斗高精度产品已经形成了良好的应用发展局面，2013 年驾考车行业市场的发

展，将北斗高精度应用市场推上新的台阶，创造产值近8亿元。未来几年，民用高精度市场有望进一步迅速发展，北斗应用潜力巨大。

2013年，北斗在农业应用领域也有较大突破，农业部和财政部发布了《2013年农业机械购置补贴实施指导意见》，将渔船用北斗船载终端和AIS船载终端纳入全国农机购置补贴机具种类范围。北斗和AIS船载终端在渔船上的覆盖率大幅提高，目前已安装了超过5万台北斗终端，为渔民出海安全和增收提供了保障。国内北斗相关企业正在与农机生产和应用企业积极合作，开展基于北斗高精度农机应用产品的研发及产业化，2013年国内首个“基于北斗系统的精准农业应用示范”项目在北京市顺义区现代农业万亩示范区已通过验收，其他行业及区域有关北斗农业综合应用示范也在重点推动过程之中。

（四）新兴市场应用

1. 精细农业应用

随着我国农业现代化战略发展及城镇化建设的全面启动，农业规模化精准化生产势在必行。我国现有大中型农业机械近700万台，且连续6年保持20%以上增速，中央财政农机购置补贴资金达216亿元，北斗精准农业应用市场前景广阔。未来农用高精度终端市场需求达百万级，且平均单价较高，市场销售额有望突破百亿。但当前我国农业机械安装比例仅约为0.01%，与国际水平相差甚远，未来成长潜力巨大。

2. 驾考车应用

2013年驾考车市场发展迅猛，当年终端销售量达到4万余台，且未来市场仍将持续发展。当前，我国拥有驾考培训车30万辆，参考人数达到2400万人，并以每年20%的速度持续增长。公安部2013年123号令对驾考车和考试场提出更高的技术指标，大大提高了高精度技术应用的必要性。目前驾考车基础应用解决方案已较成熟，增值应用系统及产品开发有待进一步发展。预计包括驾考车在内的我国北斗高精度车辆应用市场规模达数十亿元，高精度车道级车载应用市场也将逐步显现。

3. 室内导航定位应用

当前卫星导航定位手段无法很好地覆盖室内，大量的室内定位需求无法得到满足。目前，我国手机网民规模已达到4.5亿人，智能手机用户数达到3.8亿人。大型购物广场数量超过3100家，面积超过36亿万平方米，日客流量超过3亿人次。未来每年新增室内导航终端需求量达亿级规模，再加上运营服务，每年市场总量可达千亿元。随着移动互联网的迅猛发展，大量的位置服务业务对室内定位能力形成迫切要求，室内定位能力的突破将引爆巨大的位置服务市场。

4. 特殊人群关爱应用

我国正在逐步进入老龄化社会，独居老人、失能老人、留守儿童以及针对老年人和儿童的犯罪不断增加，对特殊人群关爱的必要性显著增强。2013年，老龄人口达到2.02亿人，老龄化水平达到14.8%；在校小学生9473万；留守儿童人数近5800万；重性精神病患人数已超过1600万。通过基于位置服务的智能化终端实现对这些特殊人群的关爱和管理非常必要。目前每年智能化终端需求量可达千万个，每年市场需求总量达百亿元，配套的运营服务产值将达数十亿元。目前相关技术解决方案基本具备，但应用商业模式有待挖掘，受客户购买力及消费观念的影响，市场还需要一定的培育过程。

（五）产业链发展

目前我国卫星导航与位置服务产业链产值大部分集中在中游，占比约为68%，其中终端集成环节占比最大，其次是系统集成环节。虽然中游整体产值规模较2013年有明显提升，但因终端价格大幅下降，导致产值占比有所下滑，中游产值占比较2013年同期下降4%。中游的系统集成和终端集成属于产业链低附加值环节，中游一端所占比例过大，产业依然处于发展初级阶段。

上游产值相对较小，基础数据、基础软件和基础器件仅占总额的约15%，相比2013年变化不大，但产值增速明显。其中基础软件占比最小，只有1%，而受北斗芯片销量突破百万的影响，2013年占比最小的基础器件2014年已上升到10%。基础数据环节的用户规模基本维持稳定增长，但价格下滑明显，导致其产值出现下降。

下游运营服务产值占比 17%，相比 2013 年提升了 5%。随着移动互联网的发展，位置服务业务逐渐成为移动互联网的基础性业务，导致卫星导航与位置服务产业链下游运营服务环节的产值迅猛增长。下游产值所占比例的增长，符合一般产业的发展规律，说明我国卫星导航与位置服务产业正处于从初级阶段迈向成熟的过渡阶段。

从目前产业链产值的增长趋势看，在国家相关扶持政策带动及市场逐步拓宽发展的形势下，到 2020 年产业总产值达 4000 亿元的目标有望顺利实现。从当前产业链产值的分布趋势看，未来几年，我国卫星导航与位置服务产业链产值的构成仍将继续发生变化，预计至 2020 年，下游的运营服务产值贡献可达总产值的 50%，应用服务水平将有大幅度提高；中游系统集成及终端集成产值约占整个产业链的 40%，终端产品质量和用户量都将会有巨幅提高，产业国际竞争力也将大幅增强。上游数据、模块类、芯片产值在整个产业链中大致占比 10% 左右，产业链结构逐步趋于成熟稳定。

到 2020 年，预期移动互联网将深入百姓的日常生活，位置服务将成为大众生活的一部分。得益于移动互联网的长足发展和北斗全球系统的稳步建设成熟，卫星导航与位置服务中游环节将实现跨越式增长。北斗全球系统建成后，北斗的市场国际化和服务全球化将得以实现，北斗的应用深度和广度都将有大幅度提升，北斗的市场潜力将得到极大的释放，我国卫星导航与位置服务产业竞争能力将有质的提升。届时在上游将形成拥有自主知识产权的生产研发体系及配套产业环境，在国际分工中占有重要地位；在中游将形成一批国际知名企业和民族品牌，在国际市场占据较大份额；在下游将形成全球化的运营服务体系，培育出全球性位置服务运营商。

当前我国芯片技术虽已取得突出成绩，但与国际先进水平相比仍有巨大差距，国际竞争能力仍相对较弱，产业链将在未来有重大调整。国内目前具有一定基础和规模的导航芯片研发制造企业有十余家，目前有军方、国家和地方政府的强有力扶持，以及北斗规模化应用市场需求，短期内具备一定的生存条件。然而，在卫星导航领域，不可能并存诸多专业芯片企业，从未来发展趋势看，通过国际化的残酷市场竞争，大多数国内专业芯片厂商将面临严峻的发展形势。

二　产业发展新趋势

（一）新特点

1. 北斗应用发展迈上新台阶

2013 年北斗应用市场规模显著扩大，复合增长率达到 150%，终端销售量突破 100 万量级，迈上了北斗应用发展的新台阶。北斗的规模化应用、移动互联网消费业态的兴起，以及泛在位置服务关键应用技术的突破，是现阶段北斗卫星导航产业发展的核心动力。当前，应充分把握产业发展的难得机遇期，充分发挥北斗在整个智能信息产业发展中的核心主线作用，提升基于北斗应用并融合多种技术的时空信息服务基础能力，从而快速形成北斗应用规模，实现真正意义上的产业跨越式发展。同时，北斗应用产业化工作应以进一步推动实现多种技术系统融合和多个产业领域的融合发展为方向，实现产业结构的逐步转型升级和市场的健康可持续发展。

2. 北斗投资呈现新热潮

2013 年，受国家相关产业规划及政策影响，民间资本对北斗卫星导航产业的投资热情高涨，掀起了产业内相关企业的并购热潮，从中海达收购都市圈到航天科工收购西安华讯，从兵工集团收购北京东方联星到阿里巴巴收购高德地图，甚至合众思壮斥资收购国际知名高精度企业 Hemisphere GPS Inc.（半球股份），迈出了国内企业吸纳国外优秀资源的第一步。这些 2013 年的产业重大动态，无一不体现着业内外实力企业看好市场发展，利用资金优势抢夺产业优势资源，在卫星导航与位置服务领域抢先布局的战略意图。

3. 北斗打入国际形成新市场

2013 年北斗国际化开拓首先在泰国落地，这是中国北斗第一次在国外规模应用，是北斗进入东盟的第一步。随后，文莱与我国在卫星导航芯片技术、终端产品、增值服务开发以及系统集成应用等领域展开合作，以提供满足当地需求的导航与位置服务产品，同时在当地培养北斗增值服务商。

老挝也在首都万象建设北斗连续运行参考站，中老双方将利用基于北斗的广域差分技术在农业、林业管理方面开展应用合作，同时，中老双方还将利用北斗提供的高精度位置服务能力，开展老挝血吸虫病的时空监测和早期预警示范研究。此外，中国与巴基斯坦、韩国、蒙古、印度尼西亚、马来西亚、缅甸、澳大利亚等很多国家也都开展了应用推广和项目合作，北斗国际市场未来前景广阔。

4. 互联网经济开创位置服务新局面

2013 年我国互联网经济发展迅猛，基于位置服务的应用逐渐成为移动互联网的基本业务和标准配置，有关移动互联网的合纵连横不断上演，位置服务被注入新内涵，跨界创新和融合成为常态。在百度已经形成完整的“一体化生活服务平台”生态链条时，被百度 LBS 应用的强势崛起所迫，阿里巴巴全资收购高德地图、腾讯入股大众点评，敲响了新年的两记资本重锤。打车应用寡头出现，滴滴、快的各占半壁江山，烧钱抢市场的行为更是持续数月。高德和百度同时宣布其手机导航应用免费，引发产品及舆论双重大战。诸多事件充分表明，互联网寡头们纷纷积极地将位置服务概念融合进各自业务里，围绕位置信息的生活服务和营销业务即将成为新的互联网经济发展重点。而随着移动互联网进入黄金发展期，位置服务的春天也正悄然到来。

（二）新趋势

1. 空间基础设施建设提速

我国正在迎来面向未来的重大空间信息化基础设施的密集建设期。为了达到北斗卫星导航系统服务能力水平的进一步提升，我国将加快建设北斗地基增强网、中国位置网等空间信息化基础设施的步伐，并促进与互联网、云计算、大数据及物联网的融合，积极做好产业生态系统的建设工作。

2013 年，我国北斗地基增强网已经完成总体技术方案论证和关键技术演示验证。北斗地基增强系统是开拓北斗精密定位应用的必备设施，目前，相关项目即将全面启动实施。中国位置网的总体技术方案本年度也已进入演示验证阶段，将打造面向北斗的位置服务基础性平台，为位置服务提供数据更共享、信息更安全、服务更高效和应用更开放的国家位置资源基础设施。

2. 政策、规划密集出台

2013 年一系列国家层面的北斗相关重大政策相继出台。2013 年 8 月《国务院关于促进信息消费扩大内需的若干意见》，在拓展新兴信息服务业态一节，专门强调推动北斗产业发展；9 月 26 日国务院出台《国家卫星导航中长期发展规划》，是针对新兴信息产业发布的首个规划，勾画出产业发展至 2020 年的蓝图，为北斗产业发展创造了良好的政策发展大环境。

从北斗系统开始建设以来，国家和行业密集出台了许多关于促进卫星导航应用的具体政策，尤其是在北斗区域系统正式投入运行和国家关于战略性新兴产业发展的规划出台后，国家发改委、科技部、工信部、总装、总参等部门和交通、气象、农业、公安、国土等部门，以及北京、上海、广东、陕西、湖南、湖北、四川、新疆、山东等省市纷纷出台北斗产业发展规划或行业应用推广行动计划。

3. 信息产业快速融合发展

卫星导航的各种应用服务系统，在国土资源、交通、水利、铁道、民政、农业、林业、环保、公共应急等领域已得到越来越广泛的应用，多种信息技术的融合应用与信息产业的融合发展，共同促进了可监控、可决策、可溯源、可预测的位置服务能力的形成，对于未来信息产业的建设发展将发挥工具性作用，对信息时代新服务业态的发展变革具有重大颠覆性意义。

智能手机的迅速普及和移动互联网的迅猛发展正在为位置服务市场大发展带来重大机遇。2013 年中国移动互联网用户接近 5 亿，智能手机保有量 5.8 亿台，市场规模达到 1059.8 亿元，同比增速 81.2%。预计到 2017 年，市场规模将增长约 4.5 倍，接近 6000 亿元。移动互联网用户已成为导航卫星导航与位置服务的主要用户群，位置服务成为移动互联网的基础性业务，智能终端集成定位模块成为标准配置，卫星导航与位置服务依托移动互联网，将获得巨大的发展空间。

三　产业展望

（一）产业有望进入高速增长期

根据目前产业发展的形势，我国卫星导航与位置服务产业发展有望在2013～2015年进入一段高速增长期，至2015年，产业年产值预计将达到2000亿元左右，年平均复合增长率38%左右。随着各方面用户对时空信息服务的需求持续增加，北斗应用市场即将呈现蓬勃发展态势，并保持稳定增长。依托国内巨大的用户群体、大众消费能力的显著提升、国家对新兴产业与新兴市场的有力扶植等优势因素，以及国家安全应用需求、行业安全应用需求、信息消费应用需求的不断扩大，北斗将大有作为。

此外，近几年相关信息领域的变革发展的带动性作用也将是未来我国卫星导航与位置服务产业产值增长的主要动力。国际预测2015年后，室内定位技术将全面实现商用化，室内外无缝导航定位服务网络将在大范围内实现部署和成熟运营。随着我国智能手机、新一代移动通信和移动互联网的稳定进步，车载导航和手机定位功能将逐步标配化，基于位置应用的移动互联网新业态迅速崛起，位置服务正在成为移动互联网的基础性业务，大众位置服务应用市场必将全面开启，中国卫星导航与位置服务产业也将由此真正实现腾飞，成为新一代信息技术领域最大的发展热点和效益增长点，催生出巨大且持续的新经济活力。

（二）产业发展仍然存在诸多问题

当前在我国卫星导航与位置服务产业发展过程中，仍然存在多方面的严峻问题亟待解决，集中体现在管理体制、政策法规、标准专利等方面还没有为卫星导航与位置服务产业发展的新局面做好全面准备。产业发展仍旧缺乏统一管理，政出多门，条块分割，且随着“北斗热”的扩散，地方产业竞争加剧，使政府支持力量分散，投入分散，缺乏统筹和实施效率。面对市场和产业的快速发展，依然缺乏开放透明的国家级政策，而现有的政策也缺乏稳定和具体落实。北斗卫星导航市场尚未全面打开，产业集中度低，缺少龙头企业，恶性竞争时有发生，产业仍然处于“小、散、乱、低”的基本状况，亟待政府有效的引导扶持和统一市场规范以优化发展环境。随着面对国外优势企业的竞争压力加剧，在专利和标准等高层次的技术竞争上国内企业将面临巨大挑战，跨国公司在专利和标准上已完成布局，而我国标准体系和专利池建设滞后，使得整体产业缺乏核心竞争力，缺乏国际话语权和产业发展主动权。因此，必须尽快研究完成产业发展战略，形成对产业总体发展的思想指导与理论支撑，明确产业前瞻性、战略性、全局性发展的方向与重点，为产业创新发展提供科学的依据。借助2013年《国家卫星导航与位置服务产业中长期发展规划》、《国务院关于信息消费的若干意见》相继出台的良机，应进一步厘清中央和地方、政府和企业的各自角色，各级政府应找准方向做好自己要做的事情，快速出台一系列推广北斗的国家重大工程，特别是要集中力量解决在基础设施、公共服务平台和应用解决方案等方面的重大发展瓶颈问题，促进产业实现跨越发展和可持续发展。

（三）产业技术创新需要融合发展路线

随着国内以物联网技术为代表的多源信息传感网，以大数据和云计算技术为代表的数据网，以下一代通信技术和移动互联网技术为代表的通信网，以及以云服务为代表的服务网的技术融合发展，我们已有条件将其与导航卫星、遥感卫星、通信卫星及其地面配套设施一起，共同构建形成面向时空数据共享及泛在服务的基础设施体系。同时，随着位置服务应用的不断深化，对室内定位导航应用的需求将呈爆发式增长趋势，而实现室内外无缝导航定位的良好体验，也必须通过多种技术手段的融合创新。当前，北斗系统已成为我国卫星导航技术发展和应用的核心推动力，而综合应用卫星导航GNSS、遥感RS、地理信息系统GIS和通信Communication技术，实现“3S＋C”技术融合发展，共同提供更丰富的服务业务能力，是基于位置信息应用乃至未来时空信息服务发展的主要方向。

因此，面向信息时代复杂而巨大的信息消费应用需求，当前必须从全面整合相关基础设施系统、推动应用技术融合发展的角度出发，紧紧围绕3S＋C

技术融合创新的主线，组合利用多种卫星系统，整合应用各类天基与地基系统资源，充分发挥各种通信网络能力，推动基础设施建设，夯实卫星应用服务基础。同时，加快突破组合导航、全源遥感、全息地图和空间信息综合应用的关键核心技术，实现全球系统（CNSS）、天基地基、室内室外导航定位、无线有线通信、时间空间的技术一体化融合，促进多种技术与系统、多个产业与领域的集成同步发展。进而，通过融合各种各样的信息数据资源，促进数据共享与综合利用，构建泛在智能位置服务体系，推动产业进入时空一体化和泛在化的智能位置服务发展新阶段。我们相信，一个以全源感知、大数据融合、高性能运算、空天地一体化、普适传输和泛在服务为特点的新一代信息技术和智能信息产业大发展的时代即将来临。

B.14 唱响地理信息产业转型升级的主旋律

曹天景　孙晓鹏　梁 鹏　荣 伟*

摘　要：

《国务院办公厅关于促进地理信息产业发展的意见》（以下简称《意见》）出台是2014年中国地理信息产业发展过程中最引人注目的大事件，其贯彻落实也是宏观把握今后地理信息产业和企业转型升级的一条主线。贯彻落实《意见》，还需要认真解决突出企业主体地位、安全保密政策瓶颈等问题。地理信息企业应做贯彻落实《意见》的积极推动者和参与者，把握大势，乘势而上，主动推进自身的转型升级。

关键词：

地理信息产业　企业　转型升级

回顾2014年的中国地理信息产业，《国务院办公厅关于促进地理信息产业发展的意见》（以下简称《意见》）的出台及其一系列重大影响毫无疑问是最引人注目的，2014年也因此注定成为地理信息产业发展历程中值得大书特书的不平凡的一年。积极推动《意见》贯彻落实，唱响这一地理信息产业的主旋律，既是总结回顾2014年地理信息产业发展的一条主线，更是宏观把握今后地理信息产业和企业转型升级的一条主线。

---

* 曹天景，研究员，四维航空遥感有限公司总经理；孙晓鹏，四维航空遥感有限公司；梁鹏、荣伟，中航四维（北京）航空遥感技术有限公司。

一 《意见》一石激起千层浪

经历了5年时间的10多次修订，以及国家测绘地理信息局、国土资源部、发改委、科技部、工信部、财政部、人力资源和社会保障部、税务总局、广电总局、总参谋部的会签，国办《意见》在2014年1月30日的除夕之日终于正式发布。春节假期后的2月7日是《意见》推出后的第一个交易日，包括四维图新、数字政通、中海达等在内的地理信息概念股迎来开门红，悉数上涨。

《意见》甫一出台，就毫无悬念地引来了地理信息产业业界人士的一致叫好声，地理信息产业的社会关注度大幅提升，各类保障政策、措施随后纷至沓来，可谓一石激起千层浪。很多地理信息产业的业界人士纷纷将《意见》称作“一份珍贵的新春厚礼”、“企业发展的福音”、“一枚强心针、一颗定心丸”、产业发展的“指南针”和“推进器”、具有重要里程碑意义的纲领性文献，认为其发布吹响了推动地理信息产业转型升级、跨越发展的嘹亮号角，标志着地理信息产业迎来了发展的春天。

《意见》大大提升了从中央到地方各级政府对地理信息产业发展的重视，为产业发展奠定了坚实的基础。

在2011年12月山西省、2012年6月浙江省出台促进地理信息产业发展意见的基础上，2014年，陕西、四川、吉林、河北、江苏等地出台了相关意见，其他各地也以召开座谈会、发布规划等形式表达了落实国办《意见》、推进本地地理信息产业发展的强烈意愿。

除了位于北京顺义的国家地理信息科技产业园建设大踏步前进外，已有的2003年开始建设的黑龙江省地理信息产业园，2010年开始建设的浙江省地理信息产业园建设步伐加快，陕西、四川、江西、河南、湖北、贵州、广东、广西等地纷纷跟进，掀起了席卷全国的产业园建设浪潮，为地理信息企业安家落户、抱团发展提供了基地和家园。

二 主旋律仍需唱响

在我们为《意见》欢呼雀跃、充分肯定其重大意义和价值的同时，也应该清醒地认识到：不能指望发一个文、推出几项措施就能将地理信息产业转型升级道路上的所有障碍和困难都一扫而光。发展地理信息产业，推动产业转型升级，仍须唱响主旋律，进一步将《意见》的贯彻落实引向深入。

（一）深层次问题有待解决

当前，我国地理信息产业尽管取得了长足发展和进步，但总体上仍处于起步阶段，产业规模不大、企业竞争力不强、核心关键技术缺乏、高端仪器自主化水平不高、地理信息开发利用不足、安全监管有待加强等问题仍比较突出。

业界人士的顾虑也证明了这一点。《意见》公布后，《3S 新闻周刊》汇总了来自企业的声音，呈现了企业最关心的 8 大问题：一是明确政府、协会和市场主体的关系，推动地理信息企业从较为无序的竞争转为由政府引导、协会架桥、市场发挥主体作用的有序竞争环境，最终实现地理信息企业以政府投资和市场需求双向赢利的产业环境。二是推动企业参与重点领域建设，完善采购细则，更好地促进高新技术型企业的诞生。三是明确地理信息产品的分类，让企业更好地在传统市场、跨界市场及国际市场中向合作伙伴传递企业价值。四是明确保密内容，圈划企业市场，以避免对国家保密政策的过分解读。五是企业主导项目有助于避免重复建设，政府可以把一些经营的主动权交给企业。六是在新兴的科技领域，诸如移动互联网、车联网、物联网、大数据等，政府部门和协会也应当深切关注企业的表现并提供引导和支持。七是创造和国际市场接轨的环境，帮助国内地理信息企业抓住国际化这样一个重要机会。八是事业单位改革被认为是对地理信息产业的最大支持，目前也成为地理信息企业最盼望的、同时也被认为是最难的过程。

上述深层次问题的根本解决，还要依赖于将《意见》的贯彻落实进一步引向深入。

（二）企业的主体地位如何突出

企业应该成为产业的主体，《意见》也反复强调要突出企业的主体地位，但此问题的解决目前看起来仍然任重道远。

和其他产业相比，中国地理信息产业有其独特之处。国家发改委宏观研究院研究员李军曾指出："政府部门是地理信息产业的管理和服务者，更是地理信息产业的参与者和基础客户。""地理信息产业发展的决定性因素是市场力量，但由于产业发展所涉及的诸多地理信息资源是政府主导、使用不当会影响国家安全等原因，决定了政府在地理信息产业发展中起着至关重要的作用。"这种情况，无疑增加了处理好政府与企业关系的难度。

中国地理信息产业的主体也比较特殊，有国家各级政府下属的事业单位，也有政府背景的企业，私营企业只是其中之一。有的政府部门可能会把自己所属的事业、企业单位当作"自己人"、"自己的队伍"，在政府主导的项目上优先照顾，甚至暗中搞远近亲疏、厚此薄彼、三六九等，而不是将地理信息企业一视同仁，优中选优，使其公平竞争。显然，长此以往，将极大地阻碍地理信息产业良性竞争市场环境的培育，必须认真加以研究解决。

（三）安全保密瓶颈有待突破

地理信息的保密问题是一个在行业内外长期引起争议的老话题，尽管近年来在这方面取得了长足进步，但它仍然是阻碍地理信息产业发展的瓶颈问题。地理信息数据是地理信息产业发展的源头和根基，"问渠那得清如许，为有源头活水来"，没有丰富的数据源，一切都无从谈起。同时，"棱镜门"事件的持续发酵，也提醒我们时刻要绷紧信息安全这根弦，在国家安全利益的大是大非面前绝不能犯糊涂。因此，必须设法解决好地理信息保密与应用的关系。

2014 年 6 月，习近平总书记在两院院士大会上的讲话中，特别指出清初测制的世界领先的《皇舆全览图》被作为密件收藏内府，对中国社会没有产生应有的作用，反而在西方广为流传，使得西方在相当长一个时期内对我国地理的了解要超过中国人。这种类似的情况在今天的中国是否仍然存在？习总书记一针见血的论述应该引起我们的深刻反思。

当前，地理信息保密范围划定不够科学，涉密范围偏大、密级偏高，在相当程度上限制了地理信息发挥作用和地理信息产业的发展。现代信息技术的快速发展为地理信息脱密和应用提供了足够的技术支撑，各国的成功做法也为我们提供了重要的参考借鉴，应尽快对现有安全保密制度进行系统评估，科学合理地进行调整，在保障国家安全的前提下，为大力促进地理信息广泛应用打开大门。

三　把握大势　乘势而上

在《意见》发布之初，就有业界人士指出："《意见》作为一种政策激励和政策引导，仍然是宏观性的，成效显现还得有个过程，反映到产业和市场中来，肯定不如某个重大专项带来的资金和机会更直接。但从企业和产业的长远发展来讲，《意见》的意义则是巨大而深远的。这要看每个企业如何去理解和运用。既不能等，更不能靠。自助者天助，企业要自强!"这种看问题的角度和方法，值得企业学习借鉴。地理信息企业要破除等靠要思想，准确把握产业发展大势，乘着《意见》的东风把自己做大做强。

（一）地理信息产业的"四化"

当前地理信息产业内在的发展趋势，可以归纳为数据多源化、处理自动化、用户大众化和经费社会化。

1. 数据多源化

当前，地理信息采集的手段、渠道空前多样，地理信息产业已大踏步跨入大数据时代。在传统的地理信息数据获取手段之外，基于射频技术、传感器技术的实体感知数据实现了实时更新和不间断传输，基于卫星导航技术的个人车载导航数据不断更新、上载，基于社交网络的个人定位数据剧增，基于搜索引擎的关键词热点位置信息迅速膨胀，基于摄影技术的城市三维实景数据引导了新潮流……在海量数据面前，合理配置大数据资源，深入挖掘知识、信息，可以给企业带来无数商机，成为产业发展新的增长点。

2. 处理自动化

当前，在地理信息数据的处理、管理、更新等过程中广泛采用自动化、智能化技术，地理信息数据处理由人工干预为主、自动化为辅迅速向自动化和智能化方向发展。利用模式识别和人工智能方法，航空航天遥感数据的自动化、

智能化信息解译与信息提取成为可能，遥感数据的定量化处理将变成现实。遥感影像自动判读精确性、可靠性和定量量测精度不断提高，实现了无地面控制的三维信息提取和地形图测制。基于航空航天遥感信息的地图更新技术的迅速发展，地图信息的自动综合技术不断取得新突破……这些技术层面的重大变革，必将深刻影响地理信息产业的整个链条。

3. 用户大众化

以往，地理信息的主要用户是政府，如资源环境、城市规划、国防等部门，现在地理信息则可以说是无处不在。由于定位技术和通信技术的发展，特别是传感器和无线通信技术的发展，对于个人、货物等移动目标和商店、工厂、机关、学校等固体目标而言，其位置信息都可以高效实时地收集、处理、存储和发布。互联网地图、车载导航的普及，更使地理信息"飞入寻常百姓家"，成为普通民众工作、生活、娱乐、出行不可或缺的重要帮手。

4. 经费社会化

过去，地理信息产业相对比较封闭，投资主体以政府为主，以业内企业为辅。随着地理信息产业在中国成为朝阳产业，在社会运转和个人生活中发挥越来越重要的作用，特别是《意见》的出台带来了全社会对地理信息产业的高度关注。于是，社会化投资蜂拥而来，资金"大鳄"进来了，跨界资金越来越多了，产业资金规模越来越大的同时，市场竞争也趋于白热化。

上述四个方面的变化，让整个地理信息产业发生了划时代的变革，产生了翻天覆地的变化。例如，新时期不少测绘地理信息产品的生产成本大幅降低，很多以前连想都不敢想的事现在已经成为可能甚至现实，为产业发展打开了新天地。以三维建模为例，原来人工建模每平方公里约需要5万~6万元，现在使用倾斜摄影和基于倾斜影像的密集匹配技术，每平方公里的生产成本可控制在1万元以内，不到传统的1/4。按全国主要城市建成区约6万平方公里计算，投入6亿元即可生产出全国包含丰富信息的真三维数据，而目前互联网用户对此非常感兴趣，这为我们谋划一些区域乃至国家级的三维建模项目提供了全新的可能性。

这些变化也为地理信息产业的技术创新、产品创新、机制创新提供了一个难得的历史机遇。例如在产品创新方面，当前已可通过物联网、大数据的支撑与融合，提炼出基于互联网（包括移动互联网）的面向社会大众的地理信息服务产品，哪怕是仅仅做好 LBS 中的一层，也足以为地理信息服务提供商和内容提供商带来重要商机。机制创新方面，如果能够抓住技术变革带来的升级机会，用好各种融资渠道，就可能成功运作一批成规模的项目，把过去与客户单纯的甲乙方关系升级、深化为深度合作伙伴关系。

（二）做唱响主旋律的积极参与者

当前，在产业大潮的冲击下，地理信息企业不进则退，不能与时俱进、迎难而上，就必然面临被淘汰的窘境。

作为目前国内规模最大、综合实力最强的测绘航空遥感专业公司之一，四维航空遥感有限公司居安思危，深谋远虑，一直在积极推进自身转型升级，以求勇立于地理信息这个朝阳产业的潮头。

自 2001 年 7 月成立以来，通过转型升级，四维航空的主要业务已经由转型前的航空摄影测量与遥感转变为转型后的地理信息产业投资。整个过程可以划分为创业、发展、融合 3 个时期：在创业期，公司虽业务全但不够精，主要收获是培养历练了各个业务方向的经营管理人才，为后续发展打下了基础；在发展期，公司业务结构精但整合不够，相互之间缺乏联系，主要收获是分立、积累了先进遥感、导航等方向的核心技术与资源，这些成为了吸引资本的关键；在融合期，公司业务结构趋于合理，基本实现了既精且整，成功引起了资本市场的关注，通过引入社会资本、整合优势资源，为再次发展铺平了道路。

在企业转型升级的过程中，我们积累、总结了一些经验：一是方向正确，与测绘地理信息行业共同发展；二是专注需求，特别是专注于产业对遥感与导航的需求；三是持续创新，在技术与管理方面致力于有价值和有限度的创新；四是依靠人才，通过培养与任用以人为中心开发、建设人力资源。

未来，四维航空将继续积极推进转型升级，以优化资产和产品结构为核心，以发展高新技术和扩大公司实力为重点，以推进技术创新和管理创新为关键环节，立足当前，着眼长远，以“既要积极进取，又要量力而行”为企业发展的指导思想。抓住遥感信息获取与处理技术向全自动化转变的时机，进一步引进发展高新遥感技术，持续投资有希望的高新地理信息企业，树立

公司在地理信息领域的高端品牌，成为地理信息产业发展服务的新技术孵化和投资平台。

作为中国地理信息产业的一员，我们深感个体的发展离不开产业发展的大潮，愿意和业界同人一道努力奋斗，主动配合推动《意见》的贯彻落实，做唱响主旋律的积极参与者，为中国地理信息产业的转型升级和美好明天尽一份心、出一份力。

参考文献

中国地理信息产业政策研究组：《中国地理信息产业政策研究》，测绘出版社，2007。

国家测绘局国土测绘司、中国测绘学会编《信息化测绘论文集》，测绘出版社，2008。

《中国测绘报》2014 年各期。

《3S 新闻周刊》2014 年各期。

B.15

互联网时代地理信息企业发展策略思考与实践

王康弘*

摘　要：

当今互联网进入了移动互联网和物联网的新时代。在互联网思维盛行的今天，互联网已经远不止是一种计算机技术，更是以一种新型的商业模式，正在快速改变和颠覆着各行各业。地理信息产业作为一个新兴的信息产业分支，也同样要面对这种改变和颠覆。在进入移动互联网的新时代，地理信息企业将何去何从，是地理信息产业从业者以及资本市场都十分关注的问题。地理信息企业是都一头扎入互联网模式中乃至成为互联网企业的一部分，还是在互联网时代继续用自身的独特优势安身立命呢？本文结合所在企业的实践工作，试着对这个问题进行一些粗浅的研究和思考。

关键词：

地理信息企业　互联网

一　现状篇：信息技术为地理信息产业带来巨大机遇与挑战

（一）应用需求与计算机技术是地理信息产业发展的重要动力因素之一

地理信息产业发展动力因素主要包括地学、应用需求与技术变革三个

* 王康弘，北京超图软件股份有限公司副总裁，博士。

方面。

1. 地学

地学界（包括测绘科学领域）借助计算机技术实现数字化制图的需求，促使 GIS 产生。一方面地学为 GIS 奠定了科学理论基础，另一方面 GIS 也为地学进展提供了有力的技术工具，GIS 被誉为地图之后新一代的地理学语言。

2. 应用需求

GIS 产生后人们发现 GIS 不止对地学本身有用，在国土、资源环境等领域也能发挥重要作用。随着信息化浪潮到来，GIS 被广泛应用到了政府、军事、企业以及大众信息化服务当中。GIS 在推动这些行业的信息化中起了重要作用，这些行业在应用 GIS 过程中，也不断向 GIS 提供了新的需求，推动了 GIS 的完善和发展。

3. 信息技术变革

计算机技术是 GIS 的重要技术基础。近年来，计算机技术的飞速发展，直接推动着 GIS 的快速发展。信息技术的每一次变革，都带动着 GIS 技术发生变革。而 GIS 技术变革又促进 GIS 应用的深入和行业扩展。也正是在这些变革过程中，涌现出一批又一批发展壮大的地理信息企业。

地理信息技术最早是一项小众专业技术，随着技术变革和应用需求两方的持续角力，地理信息技术不断拓展，从而催生了地理信息产业的形成和壮大。

（二）互联网带给地理信息企业的机遇与挑战

1. 互联网带来的机遇

互联网带给地理信息产业的首先是一种新型技术，当前最重要的是包括移动互联网、云计算和大数据三个方面的技术。应该说新技术都是机遇，已经推动产生了云 GIS 技术、移动 GIS 技术。这些技术可以推动地理信息技术深入应用到更多的行业。同时，互联网地图提供的大众化服务，让地图和地理信息应用的大众知名度获得了快速增长。

2. 互联网带来的商业模式挑战

互联网带给地理信息产业的主要冲击是商业模式。

首先，互联网地图免费 API 提供了基础地图服务以及部分简单的地理信息功能，部分简单的基于互联网的地理信息应用不需要专业 GIS 平台即可满足。这样一来，用户就可以不购买地图数据和 GIS 平台。这对 GIS 平台软件厂商和地图数据厂商都是一大挑战。

互联网平台厂商进一步将地图置入手机中，免费为大众提供各种基于地图的生活搜索服务，免费提供出行导航服务。这让传统以 PND 导航服务为主的厂商业务受到巨大冲击。

3. 地理信息产业二元矛盾现状

地理信息产业现在是一个二元矛盾的产业。一方面，地理信息技术可以渗透到几乎所有行业的信息化当中（实际上还有很多行业的地理信息应用还没有真正做起来）；另一方面，如同所有信息技术一样，地理信息技术又正受到互联网尤其是物联网与云计算的冲击，这让地理信息产业的商业模式正在发生颠覆。总之，地理信息产业在不断开疆拓土的过程中，自身受到互联网“跨界”外力的冲击，也正在发生裂变，机遇与挑战并存。

二　思考篇：两个发展方向

面对互联网浪潮，笔者认为地理信息企业的出路有二：（1）地理信息企业转型为互联网企业；（2）地理信息企业借助互联网技术和商业模式，开拓面向新一代互联网的专业地理信息产品和地理信息服务模式。

（一）地理信息企业转型互联网企业

地理信息企业转型互联网企业，可以通过两种方式实现：（1）第一种是加盟互联网厂商提供地图内容；（2）第二种是开发并运维互联网地图应用。

1. 为互联网平台提供地图平台

2014 年阿里巴巴全资收购高德，腾讯入股四维图新，成为地理信息产业界的两件大事。在国内，互联网地图平台进一步被百度、腾讯和阿里巴巴垄

断，这将是一个重要的趋势。部分专注于地图数据生产和加工的地理信息企业可以加盟互联网公司参与打造互联网地图平台。一方面，地图内容可以充实和完善互联网平台的基础信息。另一方面，这些地图厂商加盟互联网企业后，也可以借助互联网平台众包等信息收集优势，打造新的地图数据采集和更新模式。

2. 为互联网提供接地气应用

随着智能手机的普及化，移动 App 支撑的 O2O（Online To Offline）模式正悄然开始颠覆各行各业，成为互联网新一轮的投资热点。地图是移动互联网的重要入口，这已经成为不争的事实。当然地图本身并不是应用，要做移动互联网接地气的应用，还需要结合具体行业来开发和运维，这也是 LBS（Location Based Services，基于位置的服务）落地的要点所在。一定程度上，地理信息企业在这方面具有技术优势。所以，部分想转型的地理信息企业可以结合熟悉的行业开发 App，采用 O2O 模式创新行业市场。当然，要想在 O2O 方面取得成功，不能只简单地关注技术，还需要摸清行业本身的需求，并在线下营销推广方面下足功夫。同时，移动互联网浪潮为创业者开拓 LBS 市场提供了契机。

（二）互联网为地理信息企业所用

1. 互联网新技术推动地理信息新应用

应该说互联网地图主要提供 ToC（To Citizen，面向大众）的服务，在 ToB（To Business，面向机构用户）方面仍然需要专业的 GIS 服务。所以基于互联网技术进行 GIS 技术与 GIS 应用创新，仍然是推动地理信息产业发展的重要动力。

目前对地理信息产业影响最深的互联网技术主要包括云计算、移动计算与大数据技术。云计算技术的发展带动了云 GIS 的产生与应用，移动计算则推动移动 GIS 进入了智能手机和平板电脑等智能终端，而最新三维 GIS 的发展让大数据分析有了二三维一体化的地理空间信息平台做支撑。

互联网新时代，已经应用 GIS 的行业会将 GIS 最新技术应用起来，朝着云化、移动化、三维化方面深化改造。互联网新时代对于信息化可以说又是智慧化时代。数字城市正朝着智慧城市转型，云 GIS、移动 GIS 与三维 GIS 构成了数字城市向智慧城市转型的三大 GIS 支撑关键技术。其他行业也将从数字行业升级转向智慧行业，智慧化为地理信息工程项目建设提供了新一轮增长机会。

同时，云 GIS 与移动 GIS 让更多行业应用 GIS 更加方便，GIS 正加速进入所有行业信息化中。每一次技术创新都会带来应用市场的扩展，互联网技术带来的应用创新机会巨大。行业信息化应用对于从事地理信息产业的企业来说仍然有很大增长空间。

2. 从买到租——提供地理信息应用云服务

传统用户在构建地理信息应用时，需要分别采购地图数据、GIS 平台软件及其他配套信息化支撑设施，还要请团队做定制开发部署，项目上马之后还需要专门的日常运维团队。云计算提供了一种新型的信息化应用服务模式：可以把某类客户的共性需求集中开发成互联网产品服务，以云服务方式提供，从而降低单个用户的使用门槛，这就是 SaaS（Software as a Service，软件作为一种服务）模式。GIS 应用采用 SaaS 方式提供后，用户不再需要购买地图数据和相关平台软件，甚至可以不再需要运维团队，只需在线调用 GIS SaaS 应用即可。采用 SaaS 模式，用户使用 GIS 应用的方式就可以从“买”到“租”。

采用 SaaS 应用方式，看起来似乎会减少地理信息企业从单个用户获得的应用收入。但是因为产品和服务更加标准化，针对单个用户的沟通成本和定制实施等边际成本也会相应降低。同时，在传统模式下，因支付能力有限而放弃地理信息应用的用户，是一个庞大的数量群，他们将会因地理信息云服务应用模式的存在而加入到地理信息应用用户的行列。这些用户加起来会形成一个更加庞大的市场，这是未来地理信息产业市场重要的增长点。

基于互联网的云服务应用在中国企业界正在率先突破。因为受政务系统网络限制，在政府中地理信息云应用第一步只能建立在政务内网环境中。随着中央对互联网安全的重视，互联网安全做到安全可控范围内后，可以预见，最终政府也将逐步采用互联网云服务模式。

做信息化工程服务的地理信息企业可以把握这样的机会，逐步探索将传统应用软件服务放到云上面，提供云服务。随着移动互联网的全面普及，手机和平板等智能终端将会成为业务办公的主要工具，云服务结合移动 App 的模式将会发展很快。这是互联网新时代提供给地理信息企业 ToB 业务的重要新模式。

3. 借助大数据发展地理商业智能业务

在欧美等西方发达国家，商业智能已经能做到社区级精细化，而地理空间数据以及 GIS 技术的支撑是商业智能精细化的必备条件。在欧美等西方发达国家，商业智能市场规模已经远超过传统信息化服务市场规模。在中国，商业智能目前仍处于起步阶段。随着大数据模式的发展，中国全面发展商业智能的时代正在到来。基于基础地图建立和完善各种行业数据专题图层，将 GIS 技术与大数据技术结合，进入商业智能领域，是摆在地理信息企业面前的一座巨大金矿。

（三）其他机会

在互联网新时代，政府的观念也在不断革新。中央政府明确提出了“促进信息消费”，要“推动政府向社会购买服务”。这包含了两个层面的信息。

1. 政府部门的大量信息化服务可以委托企业来提供

政府之前放在各类信息中心的职能将会逐步通过服务外包的方式委托企业来做。这对拥有行业专业解决方案的地理信息企业来说将是进一步发挥用武之地的福音。

2. 政府的部分业务可以委托企业来提供

除了信息化服务，政府依托事业单位来做的大量业务服务，今后也会逐步委托企业来做，这其中包含的信息化服务自然更是企业代办。事业单位改革中存在的业务外包商机，也是地理信息企业在新时代发展中可以好好把握的机遇。

总体来说，地理信息应用将会逐步由工程建设模式转向服务模式，地理信息企业只要在技术、商业模式等方面做好准备，在 ToB 的定位上还将有更大的市场空间。

三　实践篇：超图面向互联网之道

（一）坚持 GIS 平台软件创新

不断融合新技术创新 GIS，用 GIS 新技术创新应用价值，这既是一种互联网思维，也是北京超图软件股份有限公司（以下简称“超图”）一直坚持的发展路线：坚持基础 GIS 平台软件技术创新，开放合作，与合作伙伴共同推动应用创新，推动地理信息产业的整体发展。

2013 年 9 月，超图推出云端一体化的 GIS 平台软件 SuperMap GIS 7C，实现云 GIS 平台软件产品化，让用户可以构建 GIS 的云应用（或者云应用的 GIS 功能）。SuerMap GIS 7C 融合了云 GIS、移动 GIS 和二三维一体化三大技术体系。SuperMap GIS 7C 结构如下图所示。2014 年 11 月，超图还将推出 SuperMap GIS 7C 的第一个升级版本 SuperMap GIS 7.1。

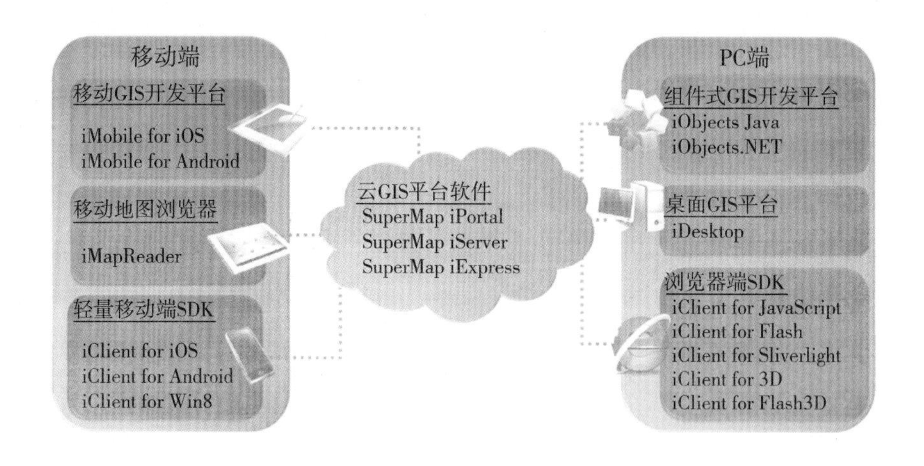

SuperMap GIS 7C 云端一体化架构

超图目前还正在研发下一代完全公有云化的 GIS 平台 SuperMap iCloud。SuperMap 各个软件“端”的用户都可以通过 SuperMap iCloud 连接在一起。这些“端”可以便捷地访问大量整合在 iCloud 云上的在线资源，各种“端”

也可以完全按照云的方式实现在线开发，还可以将应用托管到公有云平台上。同时，各种“端”用户可以将自己的成果作为 SuperMap 在线资源的一部分有偿或者无偿地分享给其他“端”。在互联网新时代，云模式 GIS 软件和应用值得期待。

（二）持续推动 GIS 应用创新

超图将基于云端一体化的 GIS 平台软件，与广大合作伙伴一起持续推动智慧城市等行业的深入应用创新，同时借助新技术将 GIS 应用到更多的行业中去。

（三）探索地理信息云服务模式

超图组建成立企业云事业部，正在从企业应用入手探索地理信息云服务应用模式。目前已经为海尔、宅急送、美的等企业成功提供了地理信息云服务应用。

同时，超图也在积极与具备行业专题数据的合作伙伴深入合作，将行业数据与地理空间数据结合，利用 GIS 云服务和大数据，探索地理商业智能。

超图还借助地理信息云服务模式建立了大众化的地图汇平台。借助地图汇，普通网友可以轻松将自己的表格数据转化为专题地图；可以在自己标记和绘制的地图的基础上通过发出任务邀请的方式，邀请其他网友一起采取众包方式共同完成地图绘制任务；可以将自己制作的地图分享出去，与其他网友互动点评等。

四　结论

互联网新时代带来了新技术，也带来了新思维和新的商业模式。地理信息企业可以加盟互联网厂商做互联网内容，也可以尝试转型开发 O2O 模式的 LBS App，转型为移动互联网企业。地理信息企业可以用互联网技术深化专业的 ToB 应用，也可以借助互联网模式开展地理信息应用云服务，还可以融合大数据技术挖掘商业智能金矿。

机遇大于挑战，在互联网新时代，地理信息产业迎来的将是又一次大发展机会！拥抱互联网，结合自身特点，选择适合自己发展的方式，是每一家地理信息企业都必须要作的战略决策。

B.16

传统地理信息企业转型升级的思考

杨震澎*

摘　要：

本文对我国传统地理信息企业的转型升级进行了分析研究，着重从五个方面分析了我国测绘地理信息环境的变化特征，提出传统测绘地理信息企业的转型需求，指出传统测绘地理信息企业转型所面临的机遇与挑战，探讨面对传统测绘地理信息企业的转型升级时，行政主管部门所起到的作用以及企业自身应对的思路与方法。

关键词：

地理信息企业　转型升级　环境变化　机遇　挑战

2014年初，《国务院办公厅关于促进地理信息产业发展的意见》（以下简称《意见》）出台。随后，国家发改委和国家测绘地理信息局联合印发《国家地理信息产业发展规划（2014～2020年）》。这些都是非常利好的消息，从国家层面确立了地理信息产业是战略性新兴产业，将给行业带来深远的影响，对从事地理信息（以下简称“地信”）的企业而言，更是一枚强心针、一颗定心丸，迎来了发展的春天。同时，这也意味着地信企业只有升级转型，才能适应未来的发展。

一　地理信息大环境变化特征

地信企业之所以需要升级转型，是因为内、外部环境发生变化催生了

* 杨震澎，南方数码科技有限公司董事长。

这个需求。地理信息大环境发生的变化，笔者认为主要体现在以下几个方面。

（一）认识层面

对测绘地理信息的认识已经从专业部门转向公众部门，从部委层面上升到国家层面。不论是政府认知还是大众认知，都发生了很大变化。这一变化意味着测绘地理信息服务面大大拓宽，政府和公众对测绘地理信息的需求也大幅增加。

（二）环境层面

无论是政府的认知和支持，还是政策、舆论、宣传导向，以及市场的发育、民众的关注，加上投资人的看好、上市公司的增多，都形成了对地理信息产业利好的发展环境。

（三）技术层面

无须多言，所有变化的前提一定是因为技术上具备了条件。从遥感卫星的增多、北斗导航的成熟，3G、4G 的普及，到移动互联网的兴起，大数据、云计算的广泛应用，再到智慧城市的不断推进，各类软件平台的出现，让地理信息应用如虎添翼，真正与老百姓的生活密不可分。

（四）应用层面

一方面，民用化越来越多，在“大鳄”的推动下，普及性的免费应用实现；另一方面，随着政府应用的逐渐成熟和不断深入，对地理信息实用化的要求明显提高，加之各行业的调查接连不断，给产业上下游单位带来了机会。尽管企业的应用还有待推广普及，但足以让人看好。

（五）企业层面

地信企业面临逐渐分化，强者愈强，弱者愈弱，没专业特色、没品牌美誉度的企业将难以为继。缺乏核心技术、仅靠拉关系谋生存的公司也步履艰难。此外，小企业招人困难，留人更难，成本压力大，利润却相对微薄，面对客户的要求应接不暇，疲于奔命。

二　变化带来的挑战

笔者认为，传统地理信息企业是指主要从事 GIS 开发的、源于测绘地理信息起家的数据处理和系统开发服务商，这是普遍观念中最熟悉的 GIS 企业。本文的讨论也仅针对传统地信企业范畴。

（一）“大鳄”进来，无从应对

因为产业兴起，“大鳄”也进来了。以前，地理信息应用没开展起来，需求有限，市场价值也有限，“大鳄”没看上。如今，地理信息已经开始渗透到千家万户，必然会引起他们的关注和觊觎。尤其是互联网企业，谷歌刚走，BAT（百度、阿里、腾讯）就进来了。移动互联网时代的到来，确实产生了很多机会，也使得传统 GIS 企业面临极大的挑战，面对“大鳄”来袭，实在是螳臂挡车，无法招架。

（二）跨界竞争，防不胜防

地理信息的普及，势必会渗透到各行各业，服务于各个领域，也因此会冒出许许多多的竞争对手。这些竞争对手未必都是本行出身，也许是 IT 公司，或是通信公司，或是电子公司，甚至是百货公司……当然，最多的竞争对手还是来自互联网行业，他们要么看中这个市场，要么看好这门技术，要么需要人才，总之，一定会威胁到传统地信企业，让我们防不胜防。

（三）行内挤压，更加激烈

原来的市场依然会竞争激烈，一点都不轻松，毕竟新的市场也不是马上就能膨胀起来。而传统地信企业的惯性和惰性，不会轻易跨出那一步，依然会在老地盘厮杀。在传统市场，事业单位始终处在有利位置，最有利润的那

块“肥肉”很难落到企业嘴中，企业间不可避免地重复着低价竞争，日子依然难过。

（四）要求提高，难以满足

由于讲求体验、实时、快速、实用，而且要精细、共享、低价、变化，数据量大、响应速度高、覆盖面广、应答面宽，这些对服务企业提出了很高的要求，相应的，对人才素质也提出很高要求，而企业利润能否支撑这样的人才队伍，是一个巨大的挑战。

由于变化太快，地信企业还没完全适应过来，也还没来得及做强做大（过十亿的企业屈指可数），转型浪潮就扑面而来。脆弱的传统地信企业面临巨大挑战，既要应对眼前的生存问题，又要迎接升级转型的考验。而绝大多数GIS企业还是干着老本行，仍然面临人才流失、低价竞争、货款难回、现金流紧张等局面。小而多、杂而乱、散而弱的格局没有改变，GIS红利迟迟没能到来！

这是一个非常关键的时期，如果策略不对，就会有被淘汰的危险。当然，尽管机遇挑战并存，由于市场在迅速扩大，因此总体来说还是机遇大于挑战，正如小米的雷军所言，“风大了猪都可以飞起来”，在这个风口上，相信总能有所收获，立于不败之地。

三　如何应对

企业要发展，当然离不开内外部因素的作用，尤其在转型时期，一方面要靠企业自身的调整，但另一方面，外部环境也是很重要的，特别是行业主管部门的引导作用。

（一）行业主管部门的作用

1. 大力提升企业的主体作用

在《意见》中特别强调要“突出企业主体”地位，“充分发挥市场在资源配置中的决定性作用”，“完善以企业为主体的科技创新体系”，“支持企业做

大做强”，最终目标是“形成若干个实力雄厚、具有国际竞争力的大型企业和龙头企业，培育一批充满活力的中小型企业”，“培育若干拥有知识产权的中高端地理信息技术装备生产大型企业”。

字里行间，处处彰显企业的重要性，也就是说，国家要更加倚重企业，用好这个市场主体因素，他们是未来的产业主力军。

作为行业主管部门，更应因势利导，顺势而为，真正给企业更大空间，挖掘企业潜能，释放企业活力。

2. 适当提供更多企业参与的机会

由于历史原因，测绘地理信息行业的管理模式还基于事业单位的体系，至今，行政管理的定位还不太清晰，一直存在政事不分、事企不分的状况。保留了一支强大的事业单位队伍，这就自然会导致政府的很多任务自然落到主管部门的事业单位头上，尤其近年来的许多大项目，基本都是由他们来完成的，企业的参与度较低，这就在某种程度上制约了企业的发展。

这种“裁判员和运动员一起竞争”的局面很普遍，也很难一时解决，不过主管部门也在逐步地理顺、放宽。在近期召开的全国测绘地理信息局长座谈会上，新任国家测绘地理信息局局长库热西也指出：“对测绘地理信息事业单位的布局、功能和规模进行优化调整，保留一支适当规模的基础测绘队伍，加强地理国情监测、应急测绘保障、测绘基准服务……形成科学、高效、协调、完备的基础测绘队伍格局。”强调事业单位的基础测绘作用，提出优化调整的想法，这都是好的迹象。

应当说，政府在政策层面给予了很多指导，但在体制机制层面还没完全到位，就像想法跑到了前面，但身子还拖在后面，没真正协同起来。

笔者建议，在一些应用性的项目和一些需要持久服务的领域，完全可以让企业参与。企业有其自身优势，如果能跟主管部门配合起来，将能发挥更大的作用。

（二）传统地信企业的应对策略

传统地信企业大体有四种出路：一是自己做大做强，吞并别人——当然很难；二是自己做好，被人吞并——也不容易；三是自寻出路，顺应变化——这是现实出路；四是难以适应，淘汰出局——糟糕结局，谁也不愿意！

那该如何寻找出路呢？首先是定位：活下来最重要，生存下来才有机会。其次，做成大小适中、利润适可、特点鲜明的企业，才有出路。小而美、中而特、大而强都是很好的状态。

对此，笔者有几点基本策略供参考。

1. 不要为新概念恐慌

目前，新概念、新模式层出不穷，应接不暇，似乎谁没沾上移动互联网，谁就立马完蛋；谁没上市，谁就活不下去……这些观念一直在冲击着传统地信企业，让好些老总们彷徨、担忧。

固然，我们需要关注新东西，应用新技术，但是，这个行业也有这个行业的特点，有的发展很快，有的却相对较慢，很多基础性工作都还需要时间的沉淀，有很多机会暂时还没用到移动互联网。有时过于超前，太过时髦，就会死在沙滩上，成为先烈。因此，在复杂的时代，尤其要淡定，冷静分析环境和自身优势，审时度势，拿出应对策略，不要人云亦云、亦步亦趋，到头来不知所为。

2. 要升级转型，但不宜拐急弯

随着技术的发展和环境的变化，地信企业要紧随而上，紧跟时代脉搏，找到适合自己的转型升级的路子，但切忌转急弯，上陡坡，那样很容易翻车坠亡，因为企业本来就实力有限，根基不深，跨度过大难以承受，如果倾力一搏，如同豪赌，胜算几无。先考虑存活，再琢磨如何利用好先进技术为本行业所用，然后寻找超车机会。

3. 聚焦深耕，扎根服务

不可否认，目前GIS的应用主要还在政府部门，要得到政府部门的认可，就要真正实现GIS带来的价值，切实为他们解决管理中的问题，提高效率，满足工作的需要，帮助实现政绩目标。而要做到这些，就得沉下心来，专心专注，切实了解需求，扎实做好服务。

而今，大多政府部门已经过了好奇期，GIS对他们来说不再神秘，政府上项目也已经不是为了面子、跟潮流了。企业拿到项目也不是拼价格、拼关系那么简单，而是实实在在解决日常工作、操作流程中的问题，真正发挥GIS的作用。因此，企业竞争主要依靠实力、经验和服务。企业有过硬的本事，良好的口碑，契合的系统，才能“取悦”客户，实现价值。回归到实现价值这个本质上来，是好事。

4. 在你的地盘做到极致

由于以上原因，传统 GIS 企业要生存发展，必须夯实基础，在自己最擅长的领域做强，做到极致。唯有如此，才能在老本行保住地盘。很多 GIS 企业技术很强，专业功底深厚，从事相关服务时间较久，绝对不是外界随便一个公司就能取代的，因此，不论如何变化，一定有其生存空间。在一个细分领域做得越好，壁垒越高，就越安全，“大鳄”越不敢轻易动他人的“奶酪”，或者不想花那么大的代价去硬拼，毕竟市场也有限。

在这个行内也有做得很不错的企业，比如南方测绘专注于测绘仪器和导航定位产品进入世界四强，超图软件专注于软件平台和应用敢于跟国外软件叫板，数字政通专注于城管应用无人与之抗衡，恒华伟业科技专注于电力 GIS 应用出类拔萃，南方数码专注于数字城市和测绘领域也是有声有色，立得空间专注于街景测量独树一帜……在此不一一列举。这些都属于小而美、中而特、大而强类型的企业，江湖地位不易撼动，日子过得有滋有味。

5. 个性化定制服务能长远

大公司看中的是一个可以做大、容易复制的大市场，且最愿意做可以大量复制的事情，对于个性化的、市场小的、要求麻烦的，一般都不愿意做——这恰好可能就是我们的生存空间，坚持做好，就会有客户需要。而要让客户信赖，就要给人量身定制，做适合于客户的系统，提供贴身、实时的服务，让人用得顺、用得好，就很难离开你了。

有些行业很难被互联网吞噬，比如装修行业、餐饮行业、修理行业、美容行业……大凡服务型的行业，都是类似的状况，处于满天星星不见月亮的状态，没听说 BAT（百度、阿里巴巴、腾讯）拿它们怎么样，因为难以批量复制，不能一劳永逸，它们不愿干。

6. 为“大鳄”打下手

这也是一条出路，“大鳄”拿下大市场，总得找人干活，地信企业若能成为他的外包商，也不错。尽管利润不丰厚，但应该可以养活自己，而且也比较稳定。目前，连高德、四维图新、瑞图万方等公司都为“大鳄”们提供后台数据支撑，还有很多其他公司，也都与“大鳄”开展不同层次的合作。

7. 抱团发展

这是必需的，地理信息产业链较长，从数据采集到处理到入库，再到应用，很多环节需要分工合作，不是一家能吃得下来的。而且涉及的行业非常多，每个行业都是细分市场，因此，竞争可以错位。在这个环境下，地信企业完全可以抱团发展，取长补短，形成联合体，提升整体竞争能力，先把产业做大，再考虑如何分蛋糕的问题。只有这样，才不至于陷入低价竞争，相互掣肘，谁也做不大。

8. 服务大客户

这是任何时候都少不了的，尤其是传统 GIS 企业。所谓大客户，目前依然是政府部门，其应用 GIS 比较迫切。因此传统 GIS 企业需要服务好一些政府大客户，比如国土局、房管局、测绘地理信息局等部门都有这个需求。只要能长期服务好几个这样的重量级部门，基本就能生存了。只是这些部门要求较高，变化较快，确实需要投入较大精力才行。

9. 敢于创新

这是必由之路，无论是全新开辟，还是现有的微改进，创新将是永恒的话题。尤其是在移动互联网、云计算、大数据背景下，是创新的最好时期。这是一个有机会颠覆的年代，以弱胜强、异军突起也不是什么新鲜事了，敢于创新、勇于尝试，还是很有机会的。比如打车软件、安全手环等产品，就是地理信息用于大众的鲜活案例，今后可以创造更多这样的民用产品，即便服务于小众、服务于企业也有广阔前景！

四　结论

在政府的支持下，地信企业唯有专业，唯有专注，唯有服务，唯有极致，唯有创新，才能走得更远，才能有升级转型的资本，才能跟上发展的大潮。

B.17

地理信息产业应理智运用互联网思维

许 泳*

摘 要：

互联网产业与地理信息产业的融合势不可挡，互联网思维引发的新旧思维碰撞值得深入分析。互联网思维给地理信息产业的发展带来新的机遇，但也要避免盲目照搬互联网商业模式，警惕互联网思维误区。地信企业需要理性认识市场格局的复杂性、自身基因的固有性、用户需求的多变性、技术环境的交融性，找准自己在互联网变革中的出路。

关键词：

互联网思维　地理信息产业　大数据　云计算　移动互联

信息技术的发展带动了互联网产业的发展，使互联网应用渗透到各行各业。业界热炒的“互联网思维”一词并无确切定义，网上释义也五花八门，但可以肯定的是，它不仅代表着一系列技术手段，也成为了一种意识形态，各个产业都开始思考互联网思维与自身的关联性。

地理信息产业（以下简称地信产业）与互联网产业的融合在2014年备受关注，自高德与四维图新相继被互联网企业收购或是参股后，地信产业链上从政府到企业、到用户，再到投融资机构，开始集体陷入思考。究竟应该怎样看待互联网思维，理性地对待跨界与融合？本文拟从互联网思维的定义与特征入手，分析互联网思维对地理信息产业带来的影响，指出需警惕的误区，并提出对策与建议。

---

* 许泳，计算机专业硕士，现供职于某国际研究顾问公司。

一 互联网思维的定义及特征

（一）互联网思维的定义

业界比较认同的一种定义是：互联网思维就是在互联网、大数据、云计算等科技不断发展的背景下，对市场、用户、产品、企业价值链乃至整个商业生态进行重新审视的思考方式[1]。

笔者认为，互联网思维引发的是一套体系化、自循环的系统工程，是以用户为核心，运用大数据、物联网、云计算等技术手段，从思维到行动、到思考与反馈、到再行动的一种循环渐进过程。互联网思维倡导打造平台、延长利益链，使某些环节上的免费或亏损能够被其他环节的利润所弥补。互联网思维渗透到企业生产、销售、市场传播等各个环节，既有对企业内部业务系统的改造，也有对企业外部与市场和用户各种接触点的革新。针对不同行业，互联网思维的渗透度也不同，互联网思维是个广义的概念，从传统互联网到移动互联网，承载着多种模式与理念。

（二）互联网思维的特征

互联网思维最核心的四个关键词是用户、开放、平台、速度。

1. 用户中心

互联网拉近了厂商和用户的距离，增加了与用户的接触点。用户不光出现在使用阶段，更是向前延伸到设计、营销，向后延伸到服务、产品迭代。在产品生命周期全程都要让用户有充分的参与感，增强用户黏性。

2. 开放

回顾互联网成功的本质，IP（Internet Protocol）协议是其中很重要的一条：它是能使连接到网上的所有计算机网络实现相互通信的一套规则，只要遵守 IP 协议就可以与互联网互联互通。IP 协议的最大特点就是开放性，互联网思维能成功的重要条件，也是开放性，但除需要技术层面的开放外，还应有开放的商业模式思维。开放无处不在，新能源汽车的翘楚特斯拉就已秉承 IT 开源精神，允许其他公司使用特斯拉的知识产权，以推动电动汽车行业的发展。只有开放才能有大发展，开放与平台战略密不可分。

3. 平台思维

平台思维并非指创建一个具体的平台，而是指开放、共享、共赢的思维。如果不具备构建生态型平台的实力，那么也得考虑如何利用既有的平台。平台的参与者越多，平台越具有价值，因此平台型战略的企业首先需要有能力累积巨大规模的用户。BAT（百度、阿里巴巴、腾讯）就是典型的平台化企业，它们已经建立起互联网大平台，打造生态圈，最终目标是掌握业务流核心数据。

4. 速度制胜

追求速度是互联网思维的一个要点，体现在各个环节：决策、研发、市场、产品迭代、资金汇聚、市场反应、创新速度、扩张速度等。互联网让信息更加透明，因此，任何一个环节如果不强调速度，则很有可能被抄袭，快一拍即生、慢一拍即死。“速度经济”指的是因迅速满足客户需求而带来超额利润的经济。对市场反应最快的企业能够占据最佳位置，从而能够最先获得市场机会[2]。速度经济是相对于规模经济而言的，它更强调企业对市场的变化作出快速反应。

二　地信产业与互联网产业的关联

地理信息产业是以现代测绘和地理信息系统、遥感、卫星导航定位等技术为基础，以地理信息开发利用为核心，从事地理信息获取、处理、应用的高技术服务业[3]。物联网、智慧城市以及各类新兴服务业的发展都离不开地理信息产业。在传统行业，能源、交通、医疗、零售、农业、政府等领域更是早就部署各类 GIS 应用。

那么，地信企业将受到互联网思维的哪些影响呢？以下按地理信息产业链重点领域进行分析。

（一）装备制造

像测绘仪器这类面向专业领域的装备制造产品，以政府采购形式为主，应用于城市建设、交通等领域，销售对象是各地规划勘察设计院、大中型国企和建筑工程单位、电力设计院等。这个环节上的互联网思维，目前更多体现在利用互联网电子商务拓展销售渠道和踏上国际 B2B 销售平台。阿里巴巴网站上的测绘仪器有徕卡、宾得、科力、南方、博世、尼康等品牌，包括全站仪、GPS、手持机、水准仪等相关产品共 4000 余个。但受其专业性特点束缚，市场规模有限，难以突破销售瓶颈，目前尚不能带来变革性增长。

（二）数据获取和处理

首先，互联网具备传输大容量、高可靠性数据的能力；其次，互联网技术扩展了信息获取能力，使观测系统更加立体，从太空到地面固定站点走向可穿戴式、移动的发展方向；最后，互联网环境下的协作工作模式提升了数据处理能力。摄影测量与遥感数据的计算机处理更趋向自动化和智能化。2014 年是中国互联网接入国际 20 周年，这 20 年来，网络资源不断优化，为大规模遥感数据的管理、共享、分布式处理、可视化等提供了更好的基础。

更多的变化出现在以用户为中心的分享或众包模式，用户自己上传数据、配置地图、最后发布地图 API。例如，以“高德云图”为代表的地图服务，可以让用户在图上批量导入点数据，在自定义数据表中逐个添加地理标记；2014 年马航事件期间，DigitalGlobal 呼吁全球网民利用自己提供的大约 3200 平方公里的图像数据，共同寻找失联飞机，当时有超过 2.5 万人在 Tomnod 平台注册参与搜索。

（三）地理信息软件

平台软件、分析处理软件、应用软件等均属此类。平台类软件提供商是最早受到互联网思维波及的企业，超图、ESRI 等都为互联网做好了准备，传统 GIS 软件平台的体系架构发生了改变，面向云计算、移动互联网的软件应运而生，不论在 Web 制图还是资源的分享等方面，都为用户提供了新的服务体验。但具备平台类软件属性并不代表具备互联网思维，传统的 GIS 软件注重的是空间数据生产及地理分析层面的应用，面向的用户多是专业人员，而新兴的互联网地图强调的是快速方便的信息查询及获取，甚至开发，面向的是普通用户。

此外，随着用户应用水平的提升，真三维 GIS、多重数据表达、时态 GIS 等需求逐渐增加，需要引入互联网环境下产生的一些新兴技术来实现。

（四）地理信息服务

地理信息服务是地信产业落地应用的根本，其服务对象有政府、企业、公众。面向公众服务的地理信息厂商，最明显地感觉到互联网思维带来的冲击。高德与四维图新先后变身互联网企业，作为地信企业的排头兵率先把地理信息服务推送到老百姓手里。从纸质地图到互联网地图，再到移动终端下的定位和导航，地理信息服务发生了很大的转变。O2O（线上到线下）的商业模式继签到模式以后把 LBS 引入了新的征程，也给 LBS 提出了新的挑战，比如定位精准、使用简单、搜索快速。智能手机的普及使地图成为衣食住行、餐饮娱乐等一系列生活服务的重要入口，已经出现了很多基于用户位置与线下商户之间关联的 O2O 应用平台。

不过目前 2B 的 GIS 服务还是很初级的，很少参与到决策这个环节。GIS 是应用导向的空间信息技术，空间分析与辅助决策支持是 GIS 的高水平应用，它需要基于知识的智能系统。知识的获取是专家系统中最困难的任务，随着各种类型数据库的建立，从数据库中挖掘知识成为当今计算机界一个非常引人注目的课题[4]。

三 地理信息产业要警惕的互联网思维误区

（一）混淆用户需求

地信企业的用户目前还是 2G（To Government，面向政府）和 2B（To Business，面向企业）占多数，政企用户和个体用户的需求有很大区别，个体用户更易快速附着，对服务等级和安全性要求不高，用户技术基础薄弱，忠诚度也更低；政企用户定制化需求强，对服务级别要求高，且通常项目周期较长但用户技术水平比普通用户高。如果一味按互联网思维针对 2C（To Citizen，面向个人用户）的策略去改变地信企业的产品和服务，将影响原有用户的体验。

（二）盲目定位做平台

地信企业规模普遍不大，如果要像 BAT 那样去打造平台，从资金、资源、技术、人才等方面都不具备条件。当然，并不是说 GIS 企业不能做平台，但是要更注重技术的专业性和行业的专注性。如今的平台服务架构结构复杂，由分层结构变成星形结构，再变成网状。因此，要关注技术对产业链各个环节的影响。

（三）轻易打“免费”牌

高德转型互联网，触动了一大批地信企业。2013 年 8 月，高德打出免费牌，与百度地图交战，此后成功地圈住了大量用户，但也因此遭遇接连亏损，2014 年高德软件财报显示，第一季度净亏损 4600 万美元。好在有阿里巴巴作为支撑，免费之后的商业模式虽然还不清晰，但他们已经把希望押注在了未来。目前互联网倡导的基本模式就是免费思维，吸引海量用户，用户多了，产品才会迭代速度更快，改得更好，在这个基础上再去找商务模式。

最常见的“免费”经济是建立在三方系统基础之上的，由第三方付费来参与前两方之间的免费商品交换。举例来说，按照传统的媒体运营模式，一个发行商会免费给消费者提供信息产品，广告商则向发行商付费，从而形成了一个三方市场。因此，延长商业链的好处就是，每一个环节中，成本或者已经分散化了，或者变得不明显了，让消费者觉得商家最初提供的产品是免费的。互联网世界就是一个“交叉补贴”的大舞台，交叉补贴可以有不同的作用方式，用付费产品补贴免费产品，用日后付费补贴当前免费，付费人群给不付费人群提供补贴[5]。

与高德不同，地信产业企业还是以传统为主，既没有坚强的资金后盾也没有庞大的用户基础，因此不能盲目搞免费。新型的“免费”并不是一种左口袋出、右口袋进的营销策略，而是一种把货物和服务的成本压低到零的新型卓越能力。数字经济对“免费”进行了变革，把它从一种销售伎俩变成了一股经济驱动力，并催生与之相关的商业模式。GIS 企业的财力普遍不具备打免费

牌的底气，即便走上这一步，也是短期可行长期艰难的。除非有看得到的盈利模式，否则不要轻易为之。

（四）重用户而不重用户体验

以用户为中心已经成为大家公认的、挂在嘴边的口号，但是用户体验是以用户为中心的“最后一公里”。大家只看到互联网企业提出的以用户为中心的策略，没有看到背后为提升用户体验而付出的大量投入。用户体验在很大程度上关乎用户服务，技术好不等于服务好，互联网思维更是强调服务。一个好的产品，技术是基础，而服务是保障产品顺利走向用户的通道。服务不光包括单一产品的用户体验，还包括完善的生态圈打造和各要素间的匹配。

四　影响地信产业的关键政策和技术

地信产业的利好政策包括国家发展改革委和国家测绘地理信息局联合印发的《国家地理信息产业发展规划（2014～2020）》、国务院办公厅《关于促进地理信息产业发展的意见》、《关于促进信息消费扩大内需的若干意见》、《关于促进智慧城市健康发展的指导意见》等。工业和信息化部数据显示，2014年上半年，信息消费在经济增长中的拉动作用进一步凸显，上半年信息消费规模达到13450亿元，同比增长20%。全国各地如火如荼的智慧城市建设已经开始回归理智，信息消费将带来新一轮产业机会，而这当中的本质是数据和信息，地理信息更是其中极其重要的基础。

影响地信产业的最新关键技术有云计算、大数据、移动互联、物联网。这四种技术的发展并驾齐驱，起到了能够相互作用和渗透并影响整个技术环境的作用。

（一）云计算

云计算是一种商业计算模型，它将计算任务分布在大量计算机构成的资源池上，使各种应用系统能够根据需要获取计算力、存储空间和各种软件服务[6]。云计算将彻底改变IT产业的架构和运行方式，高性能计算机、高端服务器、高端存储器和高端处理器的市场将被数量众多、低成本、低能耗和高性价比的云计算硬件市场所挤占；传统互联网数据中心（IDC）将迅速被成本低一个数量级的云计算数据中心所取代；绝大多数软件将以服务方式呈现。云计算为地信行业带来强有力的支撑，用云上的分布式计算节点资源处理大规模地理信息数据。将云计算的各种特征用于支撑地理空间信息的各要素，包括建模、存储、处理等，从而改变用户传统的GIS应用方法和建设模式，以一种更加友好的方式，高效率、低成本地使用地理信息资源。需要考虑云和基于SaaS模式时所需的无缝数据访问能力，必须拥有敏捷的数据管理基础方法。

（二）大数据

早在2012年前后，业界便已就大数据在数量（Volume）、速度（Velocity）、多样性（Variety）和可变性（Variability）这四个方面的特征达成了共识，即所谓大数据的4V特征。互联网催生了大数据，随之出现的是数据存储能力的扩充、计算能力的提升、实时计算的增长。

据Gartner预计，目前全世界的信息量正在以每年59%的速度增长，而这一速度将逐年递增，到2020年全球将达到35ZB的数据信息量。面对大数据容易忽略的两个问题是：数据需要从“看”到“用”，再从“用”到“养”。“养”是指数据随着时间轴和空间轴发生变化后，数据库中的信息需要得到更新。此外，无线数据在大数据中的比重越来越大，无线数据有三个渠道来源：APP、WAP和HTML5，这三个数据源和数据特性与PC数据相比都存在着很大的不同，无线端统计的方法也和PC数据有很大差异，给数据收集和运营带来了很大挑战[7]。

（三）移动互联

位置属性因“移动”变得更加重要。移动终端的普及打通了工作和生活中的数据流，移动、商业智能和GIS的结合越来越紧密。移动GIS是继桌面GIS、WEBGIS之后又一新的技术热点，移动GIS结合了地图、实时定位、室内定位、拍照摄像、视频浏览等多媒体功能，同时与其他移动信息相互集成，进一步提高了信息获取、分析、决策的效率。

截至2014年6月，中国手机网民规模达到5.27亿，较2013年底增加2699万人。手机上网的网民比例为83.4%，相比2013年底上升2.4个百分点，首次超越80.9%的传统PC上网比例[8]。移动互联网正在给传统互联网造成很大的冲击，很多移动互联的应用都是基于位置的，怎样把位置服务做到极致，成为移动创新的刚性需求。

（四）物联网

物联网是通过射频识别（RFID）装置、红外感应器、全球定位系统、激光扫描器等信息传感设备，按约定的协议，把任何物品与互联网相连接，进行信息交换和通信，以实现智能化识别、定位、跟踪、监控和管理的一种网络[9]。物联网的发展提升了工业、农业、环保、物流、安防等领域的信息化水平，而这些行业GIS均已有覆盖，物联网能让GIS得以深化应用。

五　对策与建议

根据上述分析，地信企业要正确理解互联网思维，需要理性认识市场格局的复杂性、自身基因的固有性、用户需求的多变性、技术环境的交融性，因此提出以下对策与建议。

（一）寻找大平台

“大”方能“纳”，让更多参与主体共赢互利，建立一套良性循环机制。地信企业普遍小而散，如果自己没有能力成为平台型企业，那么就寻找有实力的大平台。平台上往往出现规模收益递增效应，平台足够大时，平台上的关键企业也会有自己的一席之地。当聚集起大规模用户数量后，平台型企业可以不断地创造新商业模式，颠覆现存的成熟商业模式，同时不断入侵各种相邻产业。平台战略的精髓在于多主题共赢互利的生态圈。平台经济模式具有双边市场、交叉网络外部性、增值性、快速成长性等主要特征，在给平台企业带来巨大回报的同时，还能通过信息精确匹配、规模效益或定向营销等方式给在平台上交易、交流的双方带来便利和实际利益，从而达成多方共赢[10]。

在互联网思维下，所谓平台化，一方面指产品本身的开放平台，另一方面指资源整合。地信企业抱团作战，也是一种资源整合方式，面对垄断性的平台企业，可以有更强的议价能力。但目前各种以资源整合为噱头的“伪平台”也很多，没有明确的商业模式，没有技术标准规范，有的只是上层的松散人脉或靠零星的项目牵扯在一起的公司。地信企业需要有理智的辨别能力。

（二）聚焦小切口

聚焦准而精，切入点小。互联网思维带动下，跨界融合变得越来越多，跨领域入侵也让传统企业集体恐慌。各种需求都在被制造出来，但是这些需求并不是刚性需求而是弹性需求。多元化、个性化需求迫使网络应用需求长尾变粗，也容易让企业迷失在长尾之中，认为哪里都有机会，却不够聚焦。虽然帕累托法则认为，20%的应用服务可以满足80%的市场需求，但在互联网时代，由于长尾变粗，颠覆了这一法则。因此，地信企业应该找准切入点，发扬自己的优势，不光有“专、精、特”的装备，还有“小、优、美”的软件及服务。

（三）黏住客户端

一要黏业务，二要黏用户。把业务黏上需增强持续运营能力（2B），把用户黏上需快速应对各类需求。2C（Customer）应用时要警惕用户行为习惯的改变，互联网环境下用户的忠诚度很低，黏性应用很关键。

技术在改变，用户的需求同样在改变，传统信息化时代，用户需求，特别是企业级用户需求，梳理一遍几乎能管三年；在互联网时代，用户需求，特别是个人用户需求，可能三个月就会生变。用互联网思维，必须让技术、需求、应用环环相扣。

分析地信产业用户群，除地图服务及导航类产品外，目前仍以企业级用户为主，其中包含国土资源、环保、应急、零售、交通、能源等诸多行业，它们受到的互联网冲击还不明显，但GIS企业应该未雨绸缪。行业用户普遍受互联网思维的影响发生了转变，例如中国各级政府在广泛进行服务于民的转型，北京、上海纷纷开放政府数据供社会化利用，政府数据资源网正在面向企业及个人征集APP（应用程序）。地理信息系统在政务中的应用已非常成熟，以北京

为例，北京市政府开放的旅游住宿、交通服务、餐饮美食等数据，如果利用第三方力量开发 APP，都需与地理信息相关联。为满足二次开发用户对地理信息在线服务的开发与应用，北京政府开放数据网站提供了大量的地图 API 和搜索 API，企业可以根据自己的需求创建自己的地图应用程序。在上海市政府数据服务网中，与地理信息相关的开放数据门类有 22 种。因此地信企业应该率先抓住政府等行业用户的现势需求，先用户之想而想，挣着 2B 的钱，想着 2C 的事，帮用户提前布局，为用户的 2C 业务思考并预留技术支撑手段。

（四）吸纳新元素

从思维到产品到市场策略，都需要创新，地信企业需要通过圈子外的新思路、新人才、新模式来补充自己的短板。经济学家熊彼特认为，所谓创新就是要“建立一种新的生产函数”，即“生产要素的重新组合”，就是要把一种从来没有的关于生产要素和生产条件的“新组合”引进生产体系中去，以实现对生产要素或生产条件的“新组合”。熊彼特提到的五种创新包括产品创新、技术创新、市场创新、资源配置创新、组织创新。他同时提到，创新必须能够创造出新的价值，新工具或新方法的使用在经济发展中起到作用，最重要的含义就是能够创造出新的价值[11]。

综上所述，互联网思维之于地信产业，既是机遇也是挑战，地理信息产业当紧随时代需求，快速应对，创造更大价值。

参考文献

［1］赵人伟：《互联网思维——重塑传统商业的心法》，和君咨询。

［2］小艾尔弗雷德·钱德勒（Alfred Chandler）：《看得见的手——美国企业的管理革命》，商务印书馆，1987。

［3］《国务院办公厅关于促进地理信息产业发展的意见》，2014 年 1 月。

［4］李德仁：《论 21 世纪遥感与 GIS 的发展》，《武汉大学学报》（信息科学版）2003 年第 2 期。

［5］克里斯·安德森：《免费》，中信出版社，2012。

[6] 刘鹏:《云计算》(第2版),电子工业出版社,2011。
[7] 车品觉:《决战大数据》,浙江人民出版社,2014。
[8] 中国互联网络信息中心(CNNIC)第34次《中国互联网络发展状况统计报告》。
[9] 马建(编者):《物联网技术概论》,机械工业出版社,2011。
[10] 安晖、吕海霞:《以平台经济引领经济转型发展》,《科技日报》2013年11月25日。
[11] 托马斯·麦克劳:《创新的先知:约瑟夫·熊彼得传》,中信出版社,2010。

科 技 篇

Science and Technology

B.18 创新驱动地理信息产业转型发展

王家耀 崔晓杰*

摘 要：

地理信息产业，亦称地理信息服务业，属于现代服务业范畴。本文认为，随着地球空间信息技术、计算机技术和网络技术的飞速发展，在地理信息产业理念上要实现“狭义地理信息服务”到“广义地理信息服务”的转变，构建地理信息“产业链”；从认识论的角度深刻理解地理信息“产业链”各环节之间的关联关系，从方法论的角度分析实现各环节的理论和方法支撑；而要发挥地理信息“产业链”的价值，就必须采用新兴的计算技术、虚拟化技术、语义网技术、网络/网格服务技术；作为地理信息“产业链”的产品，其内容和形式都将发生很大的变化；地理信息服务模式必须通过不断创新来面对社会地理信息需求

* 王家耀，中国工程院院士，解放军信息工程大学地理空间信息学院，教授，博导；崔晓杰，解放军信息工程大学地理空间信息学院，硕士研究生。

多样化带来的挑战；地理信息产业文化的创新对地理信息产业的转型发展具有重要意义和作用。

关键词：

地理信息产业　理论　技术　产品　服务模式　产业文化

地理信息产业，属于信息服务产业，即地理信息服务业。传统的测绘业主要提供基础测绘产品，即地图服务。与之不同的是，信息时代的地理信息服务业不仅远远超出了基础测绘产品服务，而且随着地球空间信息技术、计算机技术和网络技术的飞速发展，地理信息服务理念、理论、技术、产品、服务模式和产业文化等都将发生深刻的变化，地理信息产业的发展面临着转型的严峻挑战，而这只有靠创新驱动才能应对。

一　地理信息产业理念的创新

现代“地理信息服务”，是指随时（实时/准实时）为需要地理信息的用户（单位、平台或个人）提供基于统一时空基准的、与位置直接或间接相关的地理要素或现象的信息的服务，这就是常说的实时/准实时、自动化、智能化地回答“何时（When）、何地（Where）、何目标（What Object）、发生了何种变化（What Change）”，并将这些地理信息（4W）随时（Any Time）、随地（Any Where）提供给每个人（Any one），服务到每件事（Any Thing），即“4A”服务。

为了获取上述“4W”地理信息并实现“4A”服务，必须在地理信息服务理念上有一个彻底的转变，这就是将“狭义地理信息服务”扩展到“广义地理信息服务”。所谓“狭义地理信息服务”，指为最终用户提供基础测绘地理信息及在此基础上经过“深加工”的地理信息产品的服务，如系列比例尺的数字线划地图（DLG）、数字栅格地图（DRG）、数字高程模型（DEM）、数字正射影像（DOM）等，以及在基础地理空间框架数据上加载经济、社会、人文、军事等专题信息的“深加工”产品，这就是传统的地理信息服务；所谓

"广义地理信息服务"，指将网络/网格（栅格化信息网格）节点上所有的信息资源都抽象为"服务"，而地理信息（获取、处理、应用）是最基础的信息资源，在网络/网格环境下，"一切为了服务"，"一切都是服务"，地理信息产品应用是服务，地理信息获取（传感器网）、处理（生产）也是服务，即基于网络/网格的地理信息获取、处理（生产）和应用"一体化"服务的新理念，这不仅是网络/网格技术发展的必然趋势，也是解决长期存在的地理信息获取、处理、应用三个环节分离（脱节）导致的从地理信息获取到提供地理信息服务的周期过长的问题的迫切要求，更重要的是"服务"观念的彻底改变[1]。基于这样的地理信息服务的新理念，构建地理信息服务的"产业链"，"产业链"的上（信息获取）、中（信息处理）、下（应用）游都会产生"价值"，即实现地理信息的增值服务。这样，就可以最大限度地缩短从地理信息获取到为用户提供地理信息服务的周期。

地理信息服务理念的转变经历了一个长期的发展与演进过程。现在，作为地理信息服务支柱的地理信息系统，其信息来源、体系结构、软件开发模式和系统功能等都已发生了深刻的变化[2~9]。但就地理信息服务发展与演进的动因而言，社会需求的牵引和技术进步的推动作用都是外因，根本原因是地理信息服务自身矛盾的对立统一。

二 地理信息产业理论的创新

地理信息服务理论主要指其认识论和方法论。这里的"认识论"，指如何认识和思考地理信息服务，以不断改进和发展地理信息服务，属于哲学思维的范畴；地理信息服务的"方法论"，是关于地理信息服务的方法的理论。

（一）地理信息产业的认识论

GIS 这个术语是社会大众都熟知的。从 GIS 诞生以来的很长时间内，人们都称之为地理信息系统，即将 GIS 的"S"视为"系统"（System），更多地着眼于技术层面。1992 年 Goodchild 提出的"地理信息科学"，即将 GIS 中的"S"视为"科学"（Science），更多地着重科学层面，将其定义为"信息科学有关地理信息的一个分支学科"[10]，其研究对象是地理信息，是地球空间信息科学的重要组成部分，是关于地理信息的本质特征和运动规律的一门学科[11]。地理信息科学的提出与理论创建，来自两个方面：一是，地理信息科学技术与应用的驱动，这是一条从实践到认识，从感性到理论的思想路线；二是，科学融合与地理综合思潮的逻辑扩展，这是一条从理论演绎的思想路线。两者相互交织，相互促进，共同推进地理学思想的发展、范式演变和地理信息科学的产生[12]。地理信息科学本质上是在两者的推动下产生的，是新的观察视点和认识模式，又是新的技术平台，其内容包括理论、技术和应用三个层次。无论是着眼于技术的地理信息系统（GISystem），还是着重于科学的地理信息科学（GIScience），最终都有一个面向应用或服务的问题。由此，提出了地理信息服务（GIService）的概念。特别是进入21世纪以来，由数字地球到智慧地球、由数字中国到智慧中国、由数字城市到智慧城市，已成为信息化发展的必然趋势，地理信息无处不在、无人不用。正是在这样的背景下，中国国务院办公厅于2014年1月22日印发了《关于促进地理信息产业的发展的意见》，并且明确指出，发展地理信息产业是加快转变经济发展方式的重要手段。地理信息产业是以现代测绘和地理信息科学、地理信息系统、遥感、卫星导航定位等为理论与技术基础，以地理信息开发利用为核心，从事地理信息获取、处理、应用的高技术服务业，即现代服务业，于是就有了近几年出现频率很高的"地理信息服务"（GISService）这个学术名称，在网络（Web）/网格（Grid）环境下就有了网络地理信息服务和网格地理信息服务[13][14]。

综上所述，作为学术名称，GIS目前有三种称谓，即地理信息系统（GISystem）、地理信息科学（GIScience）和地理信息服务（GIService）。综合起来兼顾了科学、技术、工程和产业，构成了完整的"科学—技术—工程—产业"知识链，GIService贯穿整个"知识链"。这里说的是"知识链"，前后是认识上的逻辑联系的链接，是复杂的、多层次的地理信息知识网络，而不是线性的工作流程关系或工序上的前后传承关系，但是地理信息的"知识链"又贯穿在地理信息"获取—处理（生产）—应用"的"产业链"的全过程中。地理信息"科学—技术—工程—产业"知识链或知识网络中，地理信息科学、技术是支撑；地理信息工程是关键，是科学技术转化为生产力的关键；

发展地理信息产业是目的。地理信息“获取—处理（生产）—应用”的“产业链”中，地理信息获取是基础、是前提，没有地理信息获取，地理信息处理、地理信息应用就成了无源之水、无本之木，就没有了物质基础；地理信息处理（生产）是核心、是关键，没有地理信息处理（生产），获取的地理信息就不可能成为用户需要的产品，就不可能达到增值的目的；地理信息应用是目的，没有应用，获取的地理信息经处理和“深加工”所获得的产品就会束之高阁，就不会对国家经济发展和社会文明进步产生价值。

（二）地理信息产业的方法论

对于地理信息产业转型发展而言，地理信息产业的方法论主要涉及系统论方法、协同论方法和最优化方法。

系统是由许多部分所组成的整体，系统的概念就是要强调整体，强调整体是由相互关联、相互制约和相互作用的各个部分所组成的，系统工程就是从系统的认识出发，设计和实施一个整体，以达到预期的目的和效果[15]。

1. 地理信息产业的系统论方法

地理信息产业或广义地理信息服务业是一个复杂的系统工程。在基于网络/网格的“地理信息获取—处理（生产）—应用”一体化“产业链”中，地理信息获取、处理（生产）、应用都是这个复杂大系统中的系统。而这些系统中又各自包含若干分系统，各分系统还可以包含若干子系统。对于这样一种由系统、分系统、子系统等多层次构成的地理信息产业复杂巨系统，必须以系统和系统工程方法论为指导，要辩证统一而非形而上学地看问题，要全局、综合而非孤立、分割地看问题。这样才能科学地梳理基于网络/网格环境的“地理信息获取、处理（生产）、应用”一体化的业务流程、技术流程、工艺流程，并构建工作流和服务链模型，保证地理信息在网络/网格环境下可控、有序、高效流动，最大限度地缩短从地理信息获取到提供地理信息应用的周期。

有分必有合。基于网络/网格的广义地理信息“产业链”作为复杂巨系统，需要把各个系统、分系统、子系统综合集成为一个整体，而这就要遵循体系结构的方法论和系统集成的方法论。系统体系结构的方法论，核心是用辩证思维处理好结构与功能的关系；无论是纵向或是横向都要遵循系统集成方法论，即通过设计一种架构将信息系统从单个独立系统发展到基于网络/网格的综合、复杂大系统，对于地理信息“产业链”而言，既有纵向集成（纵向贯通或垂直一体化），也有横向集成（水平集成或水平一体化），而且相互交织，其实质是提高系统的“结构级别”。地理信息“产业链”的纵向集成，主要通过各个环节之间的软件接口实现“地理信息获取、处理（生产）和应用”的一体化，这是从业务流程或技术工艺流程的角度考虑的“上、中、下游”工序之间的集成。而这个“一体化”复杂大系统中的“上、中、下游”各自的内部，还有复杂的纵、横向集成问题。

在基于网络/网格的广义地理信息“产业链”复杂大系统中，地理信息获取、处理（生产）、应用等从保障转变为服务，从产品生产者转变为服务提供者，所有用户都是服务享用（消费）者，地理信息各种服务都表现为功能，要把这些服务（功能）、服务提供者和服务享用者集成在一起，形成最优化的互动，就需要设计一种架构，在目前就是面向服务的架构（SOA），它能把零散的地理信息服务功能组织起来，形成一种松散耦合的、可互操作的、基于标准的服务，并且可根据任务（服务请求者）的需要进行快速组合和重用，是一种可随需应变的敏捷的结构。当然，光有这样的架构（SOA）还不够，还要通过具体方法来实现，这就是虚拟组织（VO）的方法。特别是对服务范围很大、服务对象很多、服务任务很复杂的情况，需要划分若干个虚拟组织（VO），每个VO都有服务管理节点、门户节点和若干服务提供者和服务请求者（消费者）节点，服务提供者将所有服务以标准化封装组件注册到注册中心，注册中心的门户将注册的全部服务展现出来，服务享用者（消费者）提出服务请求，管理节点根据用户提出的服务请求，采用地理信息“服务链”与注册中心的“服务”进行自动匹配的方法找到所需服务，并按“服务链”模型进行服务组合（聚合），最后将组合结果返回给服务请求者。

2. 地理信息产业的协同论方法

协同，指同心协力或相互配合。协同论或协同学，是关于非平衡系统的自组织理论，研究开放系统内部各子系统之间通过非线性的相互作用产生协同效应，使系统从混沌走向有序，从低级有序走向高级有序，以及从有序又转化为混沌的具体机理和共同规律[16]。对于地理信息产业而言，指基于网络/网格环

境的“地理信息获取、处理（生产）、应用”一体化“产业链”中的信息资源共享与协同工作（协同解决问题）。

在基于网络/网格环境的广义地理信息“产业链”中，包括传感器（网）资源、计算资源、存储资源、数据资源、软件资源、知识资源等在内的信息资源都是以“服务”的形式分布式部署在网络/网格节点上的，服务提供者和服务享用者（两者角色可相互转换）也分布式部署在网络/网格节点上，虽然它们都有特定的独有的地域，所有服务都有“服务元数据”，而且都以标准封装组件形式注册或发布到注册中心，但总体来说分布是任意的或混沌的，特别是在服务范围很大、服务提供者和享用者很多、服务任务（要解决的问题）很复杂的情况下，就必须用协同论方法来组织、管理和实施。无论是基于网络服务（Web Service）的地理空间信息共享与空间数据互操作需要通过SOA架构将服务提供者、服务代理（注册中心）和服务请求（服务享用）者三个角色组织起来，实现系统从混沌走向有序（初级的），还是基于网格服务（Grid Service）的信息资源共享和协同工作需要通过工作流和服务链模型，将其发布的所有“服务”进行自动匹配以发现“服务”，实现服务组合（聚合）以获得服务请求者需要的结果，达到从低级有序到高级有序的目的，都需要用到协同论方法。

3. 地理信息产业的最优化方法

最优化方法（Optimization Method），又称运筹学方法，指为达到最优化目的，寻求使某一目标达到最优的解答所提出的各种求解方法。从数学意义上说，最优化方法是一种求极值的方法，即在一组约束为等式或不等式的条件下，使系统的目标函数达到极值，即最大值或最小值。[17]

最优化方法主要运用各种数学方法拟定各种系统的优化途径及方案，如运筹学中的线性规划、非线性规划、整数规划、动态规划、组合优化、博弈论、排队论、对等论、图论等。在网络/网格的地理信息“产业链”中，最优化方法主要用于：

（1）基于网络/网格环境的“地理（空间）信息获取、处理（生产）、应用”一体化“产业链”业务流程以及各自内部业务流程的最优化建模和服务链构建，目标是最大限度地缩短从地理信息获取到提供地理信息应用服务的周期。

（2）在网络/网格地理信息服务“产业链”复杂大系统体系架构（SOA）的具体构建中，要使地理信息服务提供者、地理信息服务请求（享用）者、地理信息服务代理（注册中心）三类角色之间的互动最优化。

（3）网络/网格地理信息服务“产业链”复杂大系统中数据中心、虚拟组织、注册中心等的多层次体系结构的最优化建模，虚拟组织（VO）之间的最优弹性伸缩、静态虚拟组织与动态虚拟组织的最优结合，其目标是“即插即用，按需服务”。

（4）网络/网格地理信息服务“产业链”中各种空间分析与数据挖掘算法的最优化，如地理网络的最优路径分析（最短距离路径、最安全路径、最小费用路径、最短时间路径），地理网络流的最优化分析（最大流、最小费用流），地理网络中的定位与分配的最优化分析（中心点和中位点、地理网络设施的服务范围与资源的分配范围，P—中心的定位与分配），等等[4]。

三　地理信息产业技术的创新

长期以来，地理信息产业技术的特点基本上是单人、单机、单系统，远未实现网络/网格化，效率不高，“地理信息获取、处理（生产）、应用”一体化“产业链”的价值远未发挥出来。要解决这个问题，必须采用新兴计算技术、虚拟化技术、语义网技术、网络/网格服务技术。

（一）新兴计算技术

随着社会应用需求的日益增长和科学技术的进步，地理信息产业经历了基于主机的、桌面的、网络的变化过程。面对地理信息产业转型的需求，当前特别要强调网格计算和云计算技术的应用。

网格计算（Grid Computing）是网络计算的发展，其目的是要把分布在不同地理位置的数以亿计的计算机、存储器、数据库、贵重设备等连接起来，形成一台虚拟的、能力空前强大的超级计算机，以满足不断增长的计算、存储、处理和服务的需求，并使信息世界成为一个有机整体，实现所有网格节

点上的计算资源、存储资源、数据资源、信息资源、软件资源、通信资源等的全面共享和协同解决问题。作为网格计算的标志，国际网格界主要致力于网格中间件（如 Globus Tooki 等）、网格平台（Tera Grid、EGEE 等）、网格应用（大气、环境、医学、物理学、地球科学、天文学等）和网格标准等的研究和应用。由于网格计算对网格环境要求较高，在应用开发、部署和使用方面比较复杂，目前主要用于大型复杂科学计算领域，难以推广到普通用户（如企业和个人）。

云计算（Cloud Computing）是将计算任务分布式部署在由大量计算机构成的“资源池”上，使用户能够按需获取计算能力、存储能力和提供应用的能力，这种“资源池”称为“云”。云计算的核心是“资源池”，这与早在 2002 年提出的网格计算池（Computing Pool）的概念非常相似。云计算是并行计算（Parallel Computing）、分布式计算（Distributed Computing）和网格计算（Grid Computing）的发展，或者是这些计算模式的商业实现。云计算是虚拟化（Virtualization）、效用计算（Utility Computing）、基础设施即服务（IaaS）、平台即服务（PaaS）、软件即服务（SaaS）等概念混合演进和提升的结果，具有超大规模、虚拟化、高可靠性、通用性、按需服务、十分廉价等特点。同网格计算比较，云计算实际上是网格计算的一种简化形态，所以云计算的成功也是网格计算的成功。网格不仅要集成异构资源，还要解决协同工作问题，不像云计算有成功的商业模式，所以实现起来要比云计算难度大得多。从发展和实用性角度看，在地理信息产业技术转型中，从新兴计算技术而言，云计算是可行的。在地理信息产业领域，目前已经有国产“云端一体化 Super Map GIS 软件平台”，只是要将其用于“地理信息获取、处理（生产）、应用”一体化“产业链”还需进行大量扩展性研究与应用试验。

（二）虚拟化技术

虚拟化技术是近年来互联网研究领域出现的一种新技术，其基本思想是通过对底层的抽象，屏蔽物理网络的实现细节。虚拟化技术从底层到上层可以形成一个层次体系结构，依次有指令级虚拟化、硬件级虚拟化、操作系统级虚拟化、库函数级虚拟化、编程语言级虚拟化，每一层都有典型的虚拟化技术和代表性虚拟化软件，每一个抽象层次都向上提供一个抽象接口[18]。虚拟化是资源的逻辑表示，不受物理硬件的限制，具有硬件无关性，使得虚拟机在多台物理机中迁移变为可能；多个虚拟机实例之间的隔离性提升了系统的安全性；以虚拟机为粒度的封装，使其运行环境的保存非常便捷；虚拟机提供的虚拟机快照、克隆和挂起功能，十分便于数据备份和恢复以及环境的快速部署；在一个计算系统中运行多个虚拟机实例，使资源粒度得以切分，有利于资源调度的更加优化；等等。虚拟化技术正是因为具有这些特性，受到业界越来越多的关注，并且逐渐在集群系统、数据中心中得到应用，目前已有越来越多的企业采用虚拟化技术来构建虚拟化集群应用系统，如 Amazon 推出弹性计算云服务将系统虚拟化技术大规模地应用到数据中心，Google 推广的云计算理念得到广泛认可。这实际上是云计算与虚拟化技术的结合，它们互相促进，从计算结点级虚拟化向集群、数据中心和多数据中心级别推进，对推动地理信息产业转型发展具有重要作用。

（三）语义网、语义网格和语义网络技术

语义网（Semantic Web）、语义网格（Semantic Grid）和语义网络（Semantic Networks）是三个有区别但又容易混淆的概念。

语义网是对 WWW 的延伸，是在互联网的飞速发展和广泛应用中，为解决搜索引擎智能程度低和网页功能单调等问题提出的，其目标是使得 Web 上的信息具有计算机可以理解的语义，以便实现计算机翻译，并为人们提供智能服务，它是通过改变现有互联网依靠文字信息来共享资源的模式，利用本体描述语义信息，达到语义级的资源共享，提高网络服务的智能化水平和自动化程度。

语义网格是语义网和网格相结合产生的新研究领域，其目的是探究语义网技术在网格环境中的应用，用语义来丰富网格，其根本目的是使网格更智能化，通过基于分布式资源的基本服务、数据服务、信息服务和知识服务等四个层次来实现。

语义网络是知识的一种图解表示方法，它由节点、弧线或链线组成，通过简单的语义三元组构成的有向标准图数据结构提供强大的、灵活的知识表示能

力，可方便地被计算机识别和应用，是互联网海量数据的知识抽取、展现、推理、理解和计算的有效手段。目前，语义网络的研究主要集中在三个方面：一是，语义网络知识表示及形式转换和推理；二是，语义网络知识表示的工程应用，利用语义网络促进知识共享；二是，通过语义网络分析概念之间的关联性。这些研究对提高地理信息产业的智能化程度具有重要作用。

（四）网络/网格服务技术

这里的“服务”，特别是网格服务，是广义的[1]，适用于“地理信息获取、处理（生产）、应用”一体化的“产业链”，当然也适用于“产业链”的各个组成部分；网络服务主要针对数据。

网络服务（Web Service）是在计算机网络技术发展的基础上出现的，采用面向服务的体系架构（SOA）。它是用统一资源标识符标识的软件应用程序，即可编程的服务，这些服务可以集成为一个新的应用系统，其接口和物理位置可以通过使用扩展标记语言（XML）来进行定义、描述和发现；它通过支持基于Internet的协议来使用基于XML的信息传输机制，以实现与其他软件之间的交互。因此，可以说Web Service技术是完全基于XML的，而且Web Service技术的核心也是由XML衍生出来的三个基础协议，即简单对象访问协议（SOAP）、网络服务描述语言（WSDL）和统一描述发现和集成规范（UDDI）。

SOAP是一个基于XML的通信协议，用于消息传递，本质上是一种基于XML的远程调用（RPC）机制，它在计算机之间交换信息，而无须顾及计算机的操作系统、编程环境或对象模型框架，已经成为Web Service消息传输协议的事实上的标准，主要用于应用程序之间的通信，具有简洁性、协议效率、耦合性、可伸缩性和互操作性等特性。

WSDL是一个基于XML的规范模式，可用于描述所有公开可用的操作、Web Serivce支持的XML消息协议、消息的数据类型信息、具体使用的传输协议的绑定信息、Web Serivce的地址信息等。本质上，WSDL用于精确描述诸如“Web Serivce做什么”、“服务在哪里”、“如何调用该服务”等。所以，WSDL包括服务接口定义（抽象接口）和服务实现（具体端点）两部分。

在面向服务的体系结构（SOA）中，服务的注册和发现是两个最核心的功能。在 Web Service 中是通过统一描述发现和集成（UDDI）来解决的，它是一套基于 Web 的、分布式的、描述 Web Serivce 注册信息的标准规范，同时也包含一组使企业能够将所提供的 Web Serivce 注册到注册中心并使别的企业能够发现该服务的访问协议实现标准。因此，UDDI 主要解决 Web Service 的注册和发现两个问题，其数据结构由服务提供者信息（服务的位置信息及服务提供者的相关信息）、Web Service 描述信息和 Web Service 访问与技术信息等组成。

网格服务（Grid Service）技术是网络服务（Web Service）技术的发展。基于 XML 的网络服务技术在 20 世纪 90 年代末得到了应用，因为它是在各种异构平台上构建了一层通用的、与平台无关的信息和服务设施，从而屏蔽了互联网上千差万别的各种异构平台，使信息和服务能畅通无阻地在计算机之间流动，所以得到了许多公司的支持。同时，在广泛应用中也暴露了 Web Service 存在的不可控、无状态等问题，但 Web Service 确有巨大的应用前景。正是基于这一点，Globus 项目组迅速将 Globus Toolkit 开发转向 Web Service 平台，和 IBM 共同提出了一个叫作开放网格服务体系（OGSA）的全新网格标准，并把它和 Web Service 的标准结合起来，所有网格节点的资源统一以“服务”的方式对外提供。OGSA 的实施架构经历了由开放网格服务基础设施（OGSI）到目前的网络服务资源框架（WSRF）的过程，这是因为 OGSI 提供的功能存在许多缺陷，目前在 Globus Tollkit 4.0 中，WSRF 已取代了 OGSI，实际上是 Grid Service 吸取了 Web Service 的优点。同时，WSRF 在 Web Service 标准的基础上，又新增了 WS-Resource Property（WS 资源属性）、WS-Resource Lifetime（WS 资源生命周期）、WS-Renewable References（资源可更新引用）、WS-Service Group（WS 服务组）、WS-Base Fault（WS 基本错误）和 WS-Notification（WS 通知）等标准。所以，用 WSRF 构建的 Grid Service 所表现出来的一切都是“服务”，有着自身的许多特点和优点，使 OGSA 的服务更加灵活、更加贴近实现资源共享和协同解决问题这一目标，更加适用于“地理信息获取、处理（生产）、应用”一体化“产业链”的实现。

由网络服务到网格服务，其本质是要实现 Internet 上所有资源的全面共享和协同工作，其特点是：资源的范围更加广泛，具有很强的分布性、更复杂的异构性；共享更具目的性，引入了虚拟组织的概念，而且具有动态性和

可伸缩性；强调协同工作（协同解决问题）的能力以及服务的有序性和可控性；等等。

四　地理信息产品的创新

地理信息产品是地理信息产业的基本形态，也是地理信息服务的基本形式。当然，与传统的测绘产品相比，这里的地理信息产品是多样化的，要实现单一地图产品到多样化地理信息产品的转变。实际上，在“地理信息获取、处理（生产）、应用”一体化“产业链”的“上、中、下”游都有相应的产品。例如有以下产品。

（1）数字产品——地理信息最基础的地理信息产品，如时空基础数据（时间基准数据、空间基准数据）、GNSS 和位置轨迹数据、空间大地测量与地球物理测量（重/磁）数据、海洋测绘数据、数字航空图数据、数字地图集数据、数字正摄影像数据、数字高程模型数据、数字地形模型数据、数字地面模型数据、数字栅格地图数据等。

（2）纸质地图——最常用的地理信息产品。纸质地图是社会各界最常用和最易用的地理信息产品，包括国家系列比例尺（1∶5 万～1∶100 万）纸图、小比例尺挂图、地图集（普通地图集、专题地图集、综合地图集）、海图、航空图等。

（3）电子地图——计算机网络环境下最具大众化的地理信息产品，如网络电子地图、多媒体电子地图、移动导航电子地图、三维电子地图、实景地图、各种专业应用的电子地图及“全息地图”（地理信息与多维动态可视化）。

（4）其他材质地图是特殊的地理信息产品，如夜光地图、荧光地图、语音地图、语音地球仪、3D 打印地图等。

（5）志愿者地图是网络环境下的个性化地理信息产品，如混搭地图、兴趣点（关注点）地图等。

（6）知识地图是地理信息的高级产品，可分为面向程序的、面向概念的、面向能力的和面向社会关系的知识地图。根据地理空间知识反映的地理实体时空特性的侧重点不同，空间知识地图可以分为空间结构知识地图、逻辑结构知识地图、时空演变知识地图。

(7) 地理信息“产业链”各环节软件是地理信息产业的基础支撑产品。如大地测量数据处理软件、遥感影像处理软件、地图制图软件、制图综合软件、地理信息系统软件等。

(8) 地理信息软硬件集成装备是地理信息产业的保障性产品，如摄影测量工作站、地图制图工作站、地理信息服务平台、印前系统、直接制版机等。

这里只是列举了地理信息产品的一些例子，实际上地理信息产品的种类远不止这些。并且，随着地理信息产业的发展，地理信息产品会更加多样化。

五　地理信息服务模式的创新

随着地理信息的产业化，地理信息的应用范围越来越广，对地理信息系统的可扩展性、可靠性和可用性的要求越来越高，地理信息服务模式面临着地理空间大规模数据存储和处理、分布异构地理信息系统纵/横向集成、分布式服务组件到集成式服务组合、信息资源共享与协同解决问题（协同工作）、地理信息获取、处理（生产）、应用一体化服务等一系列挑战。

在当前及今后一个相当长时期内，地理信息的服务模式将主要有以下四种：一是基于 Web Service 的地理信息共享与空间数据互操作模式，它的服务流程框架可以视为将 SOA 架构流程化，存在服务资源无法控制、共享程度低等问题，仍局限在地理信息数据共享层面；二是基于 Grid Service 的地理信息资源共享与协同工作模式，它是基于 Web Service 的地理空间信息共享与空间数据互操作的发展，也可以被视为将 SOA 架构流程化，但它是采用 GSDL 来描述服务，采用 MDS 注册和管理服务，消息传递仍然采用 SOAP，所以基于 Grid Service 的地理信息服务是可控的、高效的；三是基于云计算的地理信息服务模式，它利用了云计算简单而强大的计算能力，其体系结构可分为基础设施层、平台层、软件层、应用层 4 个层次[19]；四是基于网格集成与弹性云的“混合式”地理信息服务模式，它充分发挥网格集成和弹性云服务的优势，最大限度地缩短从地理信息获取到提供地理信息服务的周期，它包括网格集成、弹性云服务、用户应用等 3 个层次[20]。

当然，传统的纸质地图、特种材质地图等的服务模式仍然会继续存在而且不断创新发展。

六 地理信息产业文化的形成、传承和创新

任何一种产业都有自身特质的产业文化，地理信息产业同样也有自身特质的地理信息产业文化，地理信息产业文化的创新对地理信息产业的转型发展具有重要意义和作用。

地理信息产业与文化具有密不可分的内在关联性。一方面，地理信息产业活动离不开一定的文化背景；另一方面，地理信息产业活动又直接影响到整个社会文化的面貌。就构词法而言，“地理信息产业文化”由“地理信息产业”和“文化”两个概念“组合”而成。“地理信息产业文化”既不全等于“地理信息产业”，又不全等于“文化”，它是“地理信息产业”与“文化”的交集。地理信息产业文化是一种特定的文化类型和文化现象。“地理信息产业”与“文化”既有共同性又有差异性。它们的共同性是，两者都是以人为主体的，是人类创造的财富。它们的差异性主要表现在：一是主体的差异，地理信息产业的主体仅指社会中特殊的群体，即地理信息产业共同体（设计者、生产者、使用者等），而文化的主体既可以是人类的主体，也可以是某个社会群体；二是主体行为的差异，地理信息产业的主体的行为相对集中，一般限定在以地理信息产业为核心“地理信息获取、处理（生产）、应用”一体化“产业链”的活动范围内，而文化概念中的主体行为广泛。所以，在实施地理信息产业文化创新时，必须将地理信息产业文化视为一个整体，视为具有地理信息产业特质的文化。

实施地理信息产业文化的创新，应该认识到地理信息产业文化所具有的时间性（时代性、时限性、时效性）、空间性（地域性、地方性、地区性）、科学性（知识性、源于地理信息的科学性）、整体性和渗透性（地理信息“产业链”是一个多因子、多单元、多层次、多功能的统一协调的动态系统，渗透到人类社会的方方面面）和审美性（地理信息产品设计、生产全过程）。

实施地理信息产业文化的创新，还应该认识到地理信息产业文化对地理信

息产品设计、生产、评价和未来发展有着重要作用和影响。例如，地理信息产业文化的渗透性决定了地理信息产业的社会性，优秀的、先进的地理信息产业文化必然会营造一种良好的地理信息产业市场氛围，包括地理信息产业的职业道德等，良好的地理信息产业市场氛围必将推动地理信息产业的发展。

地理信息产业的形成，与时代特征、地域（国家、民族）特征、生产力发展水平、科学技术水平、社会文明进步密切相关，当然也与地理信息产业的主体的素质特别是文化素质有关。地理信息产业文化的传承有赖于人类地理信息产业主体（群体）的社会性，通过地理信息产业市场、文献记载、媒体传播、地理信息产业产品生产等方式进行。地理信息产业文化是随着时代的变迁而变化的，信息化时代的地理信息产业文化不等于工业化时代的地理信息产业，后者是在继承前者基础上的发展，这就是继承和创新的关系。如同创新驱动地理信息产业发展一样，只有创新才能驱动地理信息产业文化的发展。

参考文献

[1] 王家耀:《基于网格的广义地理空间信息服务》,《测绘科学与工程》2013 年第 1 期。
[2] 李德仁、马洪超:《空间对地观测技术研究新进展》,《高技术发展报告（2007）》，科学出版社，2007。
[3] 王家耀:《地理信息系统的发展与发展中的地理信息系统》,《中国工程科学》2009 年第 2 期。
[4] 王家耀:《空间信息系统原理》，科学出版社，2001。
[5] 郭仁忠:《空间分析》，高等教育出版社，2013。
[6] 周成虎、裴韬等:《地理信息系统分析原理》，科学出版社，2011。
[7] 朱长青、史文中:《空间分析建模与原理》，科学出版社，2006。
[8] 刘湘南等:《GIS 空间分析原理与方法》，科学出版社，2005。
[9] 周启明、刘学军:《数字地形分析》，科学出版社，2006。
[10] 崔铁军:《地理信息科学基础理论》，科学出版社，2012。
[11] 王家耀:《空间信息系统原理》，科学出版社，2012。
[12] 杨开忠、沈体雁:《论地理信息科学》,《地球信息》1998 年第 1 期，第 21 ~28 页。

[13] 崔铁军：《地理信息服务导论》，科学出版社，2009。
[14] 王家耀、徐青、成毅等：《网格地理信息服务概论》，科学出版社，2014。
[15] 中国系统工程学会：《钱学森系统科学思想文库——论系统工程（新世纪版）》，上海交通大学出版社，1988。
[16] 辞海编辑委员会：《辞海》（第六版，缩印本），上海辞书出版社，2010。
[17] 王济昌：《现代科学技术知识词典》第三版（下卷），中国科学技术出版社，2010。
[18] 周文煜：《虚拟化集群资源调度机制研究》，中国科学技术大学硕士学位论文，2012。
[19] 范建永：《基于 Hadoop 的云 GIS 若干关键技术研究》，信息工程大学，2013。
[20] 吴朝晖、际华钧、杨建华：《空间大数据信息基础设施》，浙江大学出版社，2013。

B.19

高德在移动互联网时代的转型与大数据应用

董振宁　王宇静　陈水平　周 琦*

摘　要：

地理信息产业作为战略性新兴产业，国家对其发展高度重视，近期相继出台一系列政策来推动地理信息与导航定位产业的转型与快速发展。此外，传统科技公司受到移动互联网发展带来的巨大冲击，面临转型升级的难题。在此背景下，高德凭借在产业链中的核心位置和深厚技术积淀，实现了从 B2B 到 B2C 模式的成功转型。转型后业务核心随之转移，现重点面向用户提供生活出行类服务产品，同时以用户需求为导向，力争为用户解决实际问题。本文重点介绍高德在 2C 模式下，构建大数据处理与挖掘平台，并利用大数据提供了一系列服务公众并为公众解决出行问题的研究成果。

关键词：

移动互联网　转型　大数据　交通拥堵　出行轨迹

一　引言

近几年，随着 3G/4G 网络的逐步普及，且伴随着移动终端价格的下降以及 Wi-Fi 的广泛铺设，移动通信和互联网成为当今社会发展最快、市场潜力最大、前景最诱人的两大业务。

* 董振宁，高德软件有限公司技术副总裁；王宇静、陈水平、周琦，高德软件有限公司研究员。

移动互联网已渗透到人民生活、工作各领域的方方面面，尤其是位置服务、日常出行、手机支付、视频应用、手机游戏等丰富多彩的移动应用迅猛发展，正在深刻改变信息时代的社会生活。人们对位置服务的需求也越来越频繁，位置服务已经成为人民日常生活中不可或缺的一部分。数据显示，移动互联网的生活服务类应用中，有67%的应用与导航地图有关。基于位置服务的查询也由传统PC端转移到移动终端。据数据统计，在5年前90%的位置查询请求来自互联网PC端。而如今，PC端查询服务量已经低于10%，90%以上的查询都来自移动互联网。

同时，地理信息产业作为国家战略性新兴产业，政府对其发展高度重视。2014年1月30日国务院办公厅发布《关于促进地理信息产业发展的意见》，其中将发展地理信息与导航定位融合服务、加快推进现代测绘基准的广泛使用、促进地理信息深层次应用作为重点发展项目；通过推进面向政府管理决策、面向企业生产运营、面向人民群众生活的地理信息应用等一系列发展政策，来推动地理信息与导航定位行业的转型与快速发展[1]。

二　高德转型与发展

（一）B2B转型B2C

在行业与大环境双重背景的推动下，传统地理信息行业利用科技转型，进一步完善智能产业，构建智慧体系成为目前必然的发展趋势。高德作为国内领先数字地图、导航和位置服务解决方案提供商，以B2B地图产品起家，在过去十年我们主要专注于地理信息基础数据及基于数据的应用和服务。B2B模式下，收入来源集中在少数大客户上，面向客户群体有限，商业模式主要围绕大客户运转。如果跳开这样的模式，把业务面向亿万消费者，面向最终用户，风险相比传统模式会少很多，增长空间会更大。因此，在2010年之后，我们凭借行业的深厚积淀和产业链中的核心位置，在传统科技公司转型浪潮中毅然转型。从最初的地图数据提供商，到后来的汽车导航服务提供商，最终在移动互联网时代转型成为面向用户提供生活出行类产品，专注于解决用户出行问题的互联网位置信息提供商，实现 B2B 到 B2C 发展模式的“三级跳”。

（二）现状与发展

高德从 2010 年发展成为一个互联网和移动互联网的公司之后，我们在移动互联网领域的战略发生了较大的调整。原来谈地图，谈得最多的是入口、平台、O2O。现在，我们更加聚焦于地图最核心的出行服务与本地生活服务。这样的转变与高德地图成为阿里巴巴的一部分有关系。阿里巴巴集团董事会主席马云和其他高层管理人员，在跟我们分享整个阿里巴巴未来十年发展战略时认为：未来十年，最重要的是数据和数据技术。对于高德来说，地图不是酷炫展示的工具，我们认为终端功能真正的制高点在云端和数据，利用数据和数据技术解决出行问题。关于出行，人们主要有两个方面的应用需求：第一，指引我到一个陌生的地方；第二，帮助我更快地到一个地方。我们要做到基于用户需求为导向，真正解决用户问题，才能体现我们的意义与价值。而高德拥有庞大详尽的地图数据与用户出行数据，具有行业内最强的渗透能力，利用数据技术完全有实力做到为用户解决问题。

三　出行大数据时代来临

（一）数据获取

高德转型 B2C 发展模式后，在 2013 年 8 月底宣布高德导航免费策略，导航产品的免费开放，使得用户访问量剧增。2013 年三季度，高德导航日下载激活量最高峰值可达近 40 万次，9 月下载激活量环比增长 40%，月活跃度增长近 50%；高德地图月活跃用户环比增长 23%。现在，“高德地图”和“高德导航”两款移动客户端应用全面覆盖 iOS、Android 和 Windows Phone 三大主流操作系统，用户过亿。“高德地图”App 占中国手机地图市场份额第一。

随着移动终端导航应用产品用户量的激增，各类位置服务数据量迅猛增长，每日产生的数据增量已达到数 TB。其中，每日交通出行 GPS 数据量超过 200GB，以 2014 年 8 月为例，全国范围内累计已超过 3 亿用户使用高德地图，全国日均出行覆盖里程约 4000 万公里，相当于绕地球 1000 圈。交通事件分享 80 万次，足以实现 10 万公里的地图更新，进行 15 万处修改。另外，基于车载终端设备日均覆盖里程已达 3000 万公里。图 1 为高德移动终端产品某时段的海量出行轨迹示意图。

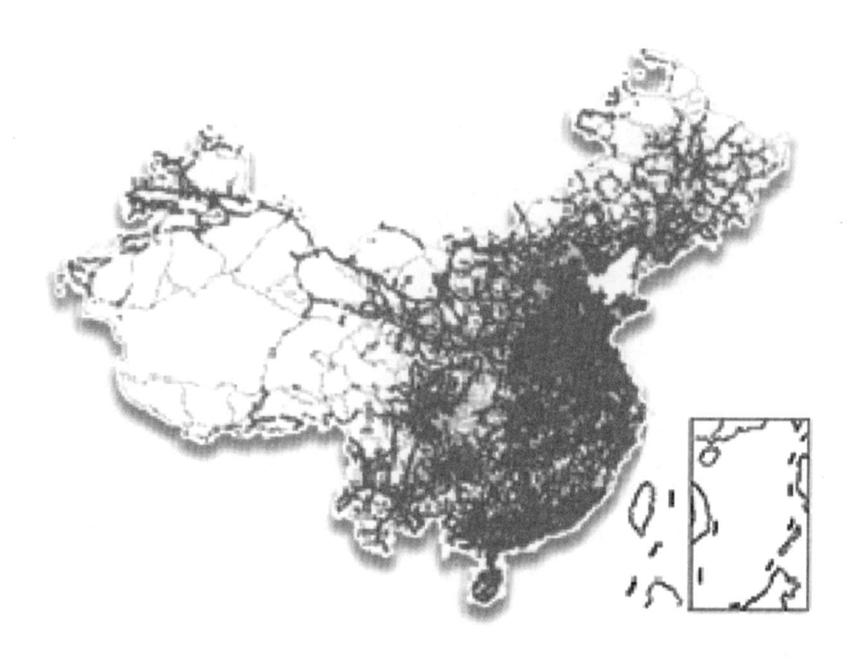

图 1　海量出行轨迹

而基于交通信息发布服务的行业浮动车数据，是出行大数据的另一个重要组成部分。行业浮动车数据采集主要是通过与出租车公司、物流运输企业的合作，为我们提供实时交通数据服务，通过本地化地获取行业浮动车出行数据（包括普通出租车监控数据、长途客运车数据、物流车监控数据等）；在大型城市高德行业交通流数据的覆盖情况超过行业标准，以北京为例，全城近 6 万辆的出租车中将近有 5 万辆为我们提供数据服务。全国范围内日均接收出租车 30 多万辆，相当于全国 30% 以上的出租车为我们提供服务。另外，还有日均约200多万辆物流车和长途客车为我们提供回传数据，为大数据的广泛覆盖奠定基础。

截至2014年8月，我们日均总计处理约60亿次定位请求，总数据量达到数TB。两种模式下的大量用户出行轨迹，为高德地图解决公众出行问题供应了宝贵的大数据资源。大数据具有的流动性、开放性特点将现代社会的坚固结构融化，传统的线性思维也遭到了前所未有的挑战。

（二）数据处理与挖掘平台

我们认为大数据服务，才是支撑移动互联网应用远行的决定因素。如何完整可靠地保存海量大数据，并高效有价值的应用成为一个很难的问题。传统的数据存储采用关系型数据库，无法支撑导入如此大规模的记录，只能对数据进行聚合打包后批量导入，这种存储方式使得业务对数据库的吞吐与稳定性非常敏感，每到业务高峰期，数据交互吞吐量大增，数据库的性能可能导致业务服务被阻塞。另外，这种方式保存的数据难以被使用，每当进行历史数据分析的时候，数据导出需要花费数天甚至数星期的时间，同时可能对线上服务造成影响，需要耗费线下大量的存储空间。

在大数据时代对传统存储方式带来的冲击下，高德确定了业务向云平台迁移的战略。我们利用大量开源的云计算工具构建了一套大数据处理与挖掘平台。该平台可以分为几个层面，如图2所示。首先是实时日志采集，主要通过Flume工具将诸如定位、导航、开放平台等生产服务器上产生的日志导入到Hadoop的分布式文件存储系统HDFS上。目前生产服务器数量超过600台，每日导入的数据增量达到TB级。当数据统一存储在HDFS上后，高德将采用两套不同的框架对数据进行处理和挖掘。一套框架是基于Map/Reduce模式的离线数据处理系统，另一套是基于Spark/Storm的在线数据处理系统。离线数据处理系统中整合了Hive工具，让研发人员能够使用类SQL语言完成大量的业务统计分析任务。数据处理的结果将输出至在线数据存储平台，采用的主要方式有Hbase、MySQL和Mongo等。大量在线查询系统通过访问在线数据存储平台，能够实时高效地展现数据挖掘的成果。

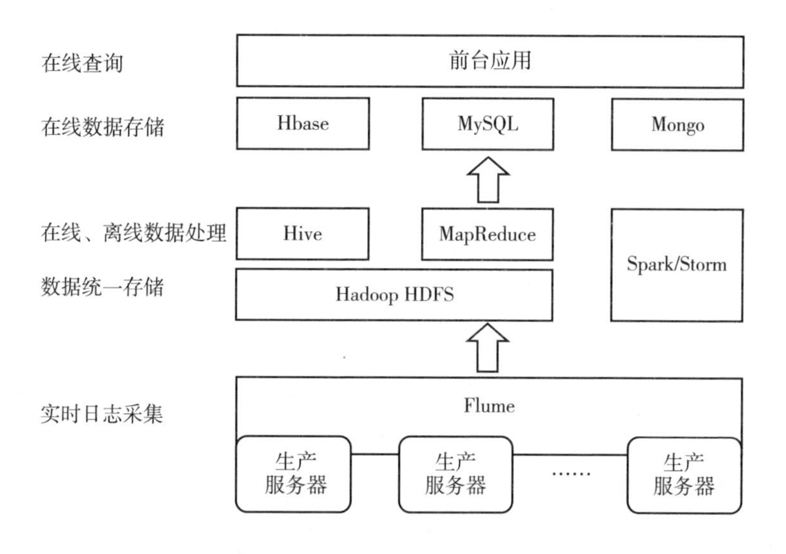

图2　高德大数据处理与挖掘平台

经过改造后，高德交通可以通过云计算将分析程序上传到云端的多个节点进行分布式的执行，一方面彻底摆脱了传统的数据导出消耗，另一方面又可以通过并行计算充分利用云端资源，原本耗时数周的分析现在可以在数小时内完成，极大地提升了处理能力与处理效率，为更广、更深维度的业务分析奠定了基础。基于云系统查询，可以看到每天采集的用户里程已经超过1亿公里，相比最开始每天几百万公里的规模，增速十分显著。

四　出行大数据应用

交通拥堵，目前已成为社会上比较严峻的问题，正由大城市逐渐向省会城市蔓延。城市出行已成为公众最头疼的事儿，严重影响着我们的生活。过去，高德花了十年时间一直专注于解决这个问题。进入移动互联网时代后，我们在传统模式之外开拓了众包模式，其理念是人人为我，我为人人，从而形成一个良性的闭环生态系统。通过众包，我们每个月从用户那里收到超过60亿公里检测，每天推送给我们；高德将众包数据与合作的行业数据进行融合，互为有益的补充，再应用大数据处理挖掘技术，为公众提供更加精准的出行信息服务。对于出行大数据应用，有三个方面的层次：第一是通过高德的数据报告为政务和研究机构提供决策支撑；其次，通过高德地图的交通信息实时发布，让用户可以节省时间；最后，大数据可以完善高德的动态导航技术，更好地服务用户。

（一）应用案例一：高德交通分析报告

我们希望通过数据报告的模式，让大家认识到拥堵已经成为比较常态的问题。通过大数据分析，发现中国已经超过 50 个城市都在不同程度上面临拥堵的问题。其中有 25 个城市情况相对比较严重。排在前 10 名的这些城市拥堵情况堪忧，早晚高峰花在路上的时间是非拥堵状态下的两倍。说明我们有大量的时间都浪费在了路上，这已经是与上亿人息息相关的问题。让大家认识到了问题之后，我们想如何去解决这些问题。首先是发现问题，通过交通大数据分析，发现在中国哪些城市道路是比较拥堵的，拥堵状况如何。下一步再通过更深层的大数据挖掘，并且联合政府、社会的力量，去分析导致拥堵的原因究竟是什么？是因为路上的车太多，还是因为交通管制和红绿灯控制的问题。找到原因后可以推动政府对拥堵道路进行改善，通过有效的交通控制，来提升道路的通行容量。我们希望通过出行大数据的分析，尝试解决或缓解交通拥堵。如果我们能做到缓解拥堵，我们发布交通报告的目的就达到了。

目前，国内外衡量城市拥堵状况有多种评价方法，例如 TOMTOM、INRIX、BTRC 等企业和机构都发布了各自的拥堵指数[2~3]。我们经过调研和分析，并结合出行大数据，最终采用拥堵延时指数作为评价城市拥堵的指标。拥堵延时指数是衡量城市居民出行因交通拥堵附加的时间成本，算法简洁且可充分发挥大数据的统计效果。拥堵延时指数越高表示出行延时占出行时间的比例越大，拥堵程度也越高。以下是高德 2014 年第二季度中国主要城市交通报告的分析成果。

基于中国主要城市 2014 年第二季度的居民出行轨迹样本，挑选出 25 个样本量能够达到 60000 的城市计算拥堵延时指数，评选出该季度前十拥堵的城市。结果见表 1。

表1　2014年第二季度中国拥堵城市前十排名

排名	城市	拥堵延时指数	平均旅行长度（公里）	平均旅行时间（分钟）	平均拥堵延时（分钟）	平均速度（公里/小时）
1	上海市	2.16	10.6	29.3	15.7	21.7
2	杭州市	2.10	9.1	27.6	14.5	19.8
3	北京市	2.09	11.4	31.6	16.4	21.7
4	重庆市	2.07	8.7	21.8	11.2	24.1
5	深圳市	2.05	10.9	26.7	13.7	24.5
6	广州市	2.02	11.3	26.3	13.3	25.8
7	福州市	1.98	7.6	23.9	11.9	19.1
8	沈阳市	1.94	7.8	25.1	12.2	18.7
9	成都市	1.93	13.6	31.0	15.0	26.4
10	济南市	1.91	15.9	32.9	15.6	29.0

随着杭州市经济的飞速发展，城市化过程中的交通拥堵问题日益严重。根据交通分析报告的排名结果，杭州目前已超过北京，成为中国第二堵的城市。为了缓解杭州市交通拥堵状况，杭州市政府从2014年5月5日起对“错峰限行”政策进行升级，我们分别提取了政策升级前和政策升级后的大量轨迹样本，分析杭州治堵政策后的效果，报告结果详见表2。自升级“错峰限行”政策以来，杭州市拥堵延时指数从2.15下降为2.06，下降幅度约为4%，平均车速由原来的19.4公里/小时提升至20.2公里/小时。数据表明升级政策取得了阶段性的成果。

表2　杭州市升级“错峰限行”政策的治堵效果分析

城市	拥堵延时指数	平均旅行长度（公里）	平均旅行时间（分钟）	平均拥堵延时（分钟）	平均速度（公里/小时）
4月1日~4月30日	2.15	9.1	28.1	15.0	19.4
5月5日~5月31日	2.06	9.1	27.1	13.9	20.2

（二）应用案例二：躲避拥堵出行建议

我们将大数据智能化融入高德地图，为用户提供更精准的到达时间预测和实时躲避拥堵功能。导航过程中如遇拥堵路段，高德地图会自动重新规划路线绕开拥堵路段，帮助用户尽快到达目的地，高德地图躲避拥堵功能界面如图3所示。到达时间预测和实时躲避拥堵功能主要是通过这种分流来提高我们整个道路的利用率，具有两方面的主要作用，一方面为规划出发时间提供决策支持，另一方面提供基于实时交通的动态躲避拥堵方案来节省旅行时间。躲避拥堵功能在大城市早晚高峰时段可以获得较大的效果，平均能为每个用户节省15%～20%的时间，绝对值节省了5～6分钟。虽然每天节省的时间看起来微不足道，但是长期出行带来的收益足以聚沙成塔，为用户节约了大量的出行时间与出行成本。基于大数据分析和挖掘，我们可以对动态导航技术不断深入和完善。

图3　高德地图躲避拥堵功能界面

目前，北京地区有一半以上的高德地图用户每天都在使用其躲避拥堵功能，且用户规模还在呈上升趋势。据了解，仅2014年7月一个月的时间，使用高德地图躲避拥堵服务的用户行驶里程就超过60亿公里。高德地图为用户提供实时路况信息服务已达十余年，在数据采集、生产、发布再到用户反馈已经形成完整闭环。

（三）应用案例三：地图的新路识别

传统道路采集需要耗费大量的人工成本。大数据时代，我们基于海量的用户出行轨迹研发了新路的自动识别和挖掘技术。通过云计算，将用户出行轨迹与现有路网进行匹配，差异化地发现高德现有导航电子地图数据中没有的道路数据，快速找到新开通的道路，从而完善导航电子地图数据的生产工艺，提高数据现势性和数据更新效率，帮人帮己，形成智能交通数据良性循环，是提升出行数据覆盖和服务质量的重要手段之一。图 4 中的黑色加粗 GPS 点是与地图对比差分出来的用户出行轨迹，是使用大数据技术识别出来的新增道路。

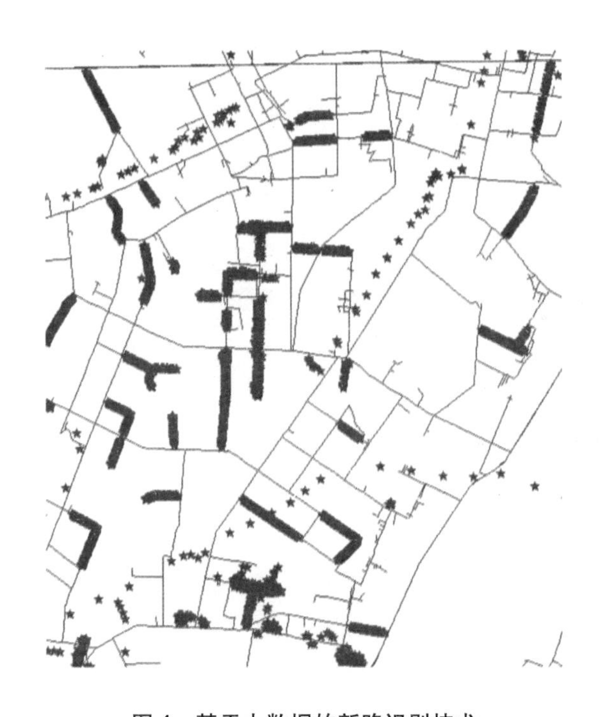

图 4　基于大数据的新路识别技术

五　结语

未来十年，高德最重要的是数据和数据技术，并利用数据解决问题。既然出行是用户的痛点，我们就要从多方面，集中精力把出行解决好。把问题解决好了，自然而然就能创造出更巨大的价值。

参考文献

[1]《国务院办公厅关于促进地理信息产业发展的意见》（国办发〔2014〕2号）。

[2] 梁丽娟、郑瑾等：《城市交通拥堵现状评价方法与应用》，第八届中国智能交通年会，合肥，2013。

[3] TomTom Traffic Index，http：//www. tomtom. com/en_ gb/trafficindex/.

B.20

大数据时代下实景三维影像地图产业新模式

万和平　袁剑峰　丁 勇　李宇琪*

摘　要：

本文从实景三维影像地图的技术分析入手，论述了实景三维影像地图产业的历史、现状及发展趋势，并结合大数据时代下影像地图数据特征、管理理论及相关技术，提出了基于云计算技术的一整套实景三维影像地图数据采集、生产与应用的技术途径，创新性地将“采、编、存、发、用”一体化管理理念引入到产业链中，讨论了一种依托此理念的实景三维影像地图产业新模式，并对此模式未来发展的前景进行了展望。

关键词：

实景三维　大数据　“采、编、存、发、用”　云计算

一　引言

现实世界是一个三维空间，在纸介质时代，人们只能用二维地图对现实的三维空间进行浓缩表达，在三维转二维的过程中，许多宝贵的地形和地物细节如纹理、高度、形状信息等都丢失了，其呈现的结果与真实地理环境有较大的差距。

---

* 万和平，立得空间信息技术股份有限公司应用平台部经理；袁剑峰，立得空间信息技术股份有限公司移动测量事业部技术总监；丁勇，立得空间信息技术股份有限公司生产平台部经理；李宇琪，立得空间信息技术股份有限公司研发中心总经理助理。

实景三维影像地图以高清晰度、高分辨率影像的方式来直接反映制图物体以及自然环境的原貌，它既包含了所要量测的目标地物信息，又包括了与之相关的各种自然和社会信息，是一种全新的地图产品。对于行业用户而言，既可从中提取所需要的实景化的业务专题数据，又可进行可视化的标注、查询和统计分析，更好满足管理与决策上的高层次应用；对于公众而言，实景三维影像地图是客观世界的最直观和最真实的写照，也是无须专业知识判读、最易理解的“数字城市”，可直接回答公众有关衣、食、住、行等工作和生活的应用需求。

实景三维影像地图包含室内/外实景影像、POI 数据、行业专题数据等多种多源多类别数据产品，针对不同的场合，需要采用不同手段来采集实景三维数据源。

陆基移动测量系统（MMS）技术是最初的一种数据获取技术产品，它是在机动车、非机动车等多种平台上装配卫星定位系统、图像采集设备、惯性测量系统、激光扫描系统等先进的传感器和设备，快速采集城市实景影像及各种城市设施的空间位置数据和属性数据，形成城市全要素、可视化、可测量的实景三维数据成果。在物联网时代 MMS 逐步发展成为移动多传感器系统（MMSS：Mobile Multi Sensor System）。移动多传感器系统除了包含 MMS 系统的定位定姿、图像拍摄、激光扫描等数据采集设备外，还集成了 RFID、Wi-Fi 热点采集、移动基站采集等传感器，扩展了实景三维影像地图的内涵，在“实景三维”的概念上增加了物联网时代的各类地理标签（RFID、Wi-Fi ID、AP ID 等）内容。扩展后的实景三维地图不仅可以从地理坐标、拓扑关系这些角度来说明一个地理内容，还可以从建筑物外观、最近的 Wi-Fi 热点、最近的移动基站等多种不同的角度来描述地理信息。

类似于航空摄影测量技术的发展，超低空无人航测和倾斜摄影等多种空基移动测量技术产品也逐步发展成实景三维影像地图的另一种重要数据获取手段，其中小型化、高精度集成定位定姿系统是所有采集设备的核心器件和技术，其主要是利用高精度定位定姿系统与摄影载荷紧密集成，减小载荷体积和重量，从而推动采集技术的发展。

目前，空地一体化数据获取方式已成为实景三维影像地图发展的一种新趋

势，它为全维度地理信息的获取、处理与服务奠定基础。随着实景三维影像地图技术的不断发展，推动其数据内涵不断丰富，更新效率极大提高，人们正快步步入实景三维影像地图的大数据时代。

二　实景三维影像地图的大数据时代

（一）实景三维影像地图也是大数据

概括而言，大数据具有四个维度，具体表现在：

1. 规模（Volume）

据相关文献统计，全球总数据规模已达 ZB 级，粗略估计为 2.3ZB。虽然需要管理 ZB 级规模的需求目前还不会出现，PB 级的应用应该不在少数。

2. 速度（Velocity）

包括两个方面，一方面表示数据增加的速度越来越快，另一方面表示对大规模数据需要进行快速处理、分析、可视化。

3. 多样性（Variety）

数据多样性具体包括多种模型、多种格式、多种结构、多种存储方法、多种语义等。

4. 精确性（Veracity）

人类思维和语言具有抽象性、多义性和模糊性，除此之外，数据采集工具和数据加工流程也具有各种误差或错误，造成原始数据和提取的信息、知识具有不确定性，在大规模和多样性数据的整合融合环境下，人们需要更为精确的数据、信息、知识。

实景三维影像地图数据也是一类大数据，它同样具备上述特征并具备一定的延伸，具体而言表现在以下方面。

1. 海量、异构、多源时空信息的一体化存储

各类陆基/空基移动测量系统和各种新型传感器（如 Lidar）在数据获取中的应用，带来数据获取技术的迅猛发展。可以预见，实景三维影像地图数据的规模将会急剧膨胀，TB 级、PB 级，甚至 EB 级将变得很平常。在为用户提供更丰富、更全面的信息资源的同时，也带来了海量时空信息的存储问题，这就要求存储内部的体系结构应能无限横向伸缩。

从多源异构方面考虑，实景三维影像地图数据存储不仅要能管理非结构化的图片与文件，还应能存储各种结构化和半结构化数据（包括历史信息），如二三维矢量、航卫片、DMI、全景、激光点云、地名地址、拓扑、线性参考、导航数据、传感器位置等。

2. 高并发情况下时空信息存取的快速处理

随着实景三维影像数据逐渐在生活、生产中的深入应用，一般在类似 Google Earth 上才会出现的 Web 规模服务也将出现在实景三维应用领域，势必带来高并发的用户访问，这给实景三维信息服务的后台架构带来了挑战。

3. 时空信息检索与查询的多样化

时空信息不同于 IT 中常见的一维和文本信息，带有时空特性，时空信息存储云应给客户提供多样化的时间、空间、属性查询和检索方法与接口，只有这样，才能满足时空信息浏览、分析处理与管理需要多样性查询能力的需求。

4. 高可用性和容错

高可用性和容错是分布式计算与服务的一个关键指标，特别是在大量普通服务器集群和虚拟化环境中，硬件、网络和软件的失败是一个常见的现象。为此，在设计与构建实景三维时空数据存储时，必须考虑到各种失败情况，避免单点失败问题。

5. 时空信息生产与发布的一体化

实景三维产业链既包括实景三维影像地图数据采集和生产，也包括数据的工程应用与服务。只有一体化解决数据的获取、储存、搜索、共享、分析及应用，建立“采、编、存、发、用”一体化产品体系，才能真正地将产业的核心关注转移到用户价值上，才能真正发挥实景三维时空大数据的效用。

（二）实景三维云平台是必然的趋势

大数据时代下，除了拥有数据外，还必须得拥有管理、分析乃至驾驭数据

的能力。

大数据管理技术就是这样一类关键技术，它泛指不同于传统集中式关系数据库的海量分布式数据管理技术，包括分布式计算、集群和并行计算等技术内涵，目的是提高大数据存储和管理、分析，以及在高吞吐、响应时间、伸缩性和弹性、容错等方面的能力。

传统的数据采集来源单一，且存储、管理和分析数据量也相对较小，大多采用关系型数据库和并行数据仓库即可处理。但随着传感器、移动测量等技术的发展，以及空间信息广泛共享需求的推动，如何对海量实景三维时空数据进行存储，并能在高并发的情况下，对时空数据进行实时分析与处理，逐渐成为业界关注的焦点。

云计算作为一种新的技术潮流，代表了一种新的解决思路。基于云计算的数据存储体系，可以实现对数据进行统一生产和管理，统一进行资源的分配、负载的均衡、软件的部署、安全的控制，并能更可靠地进行数据安全的实时监测以及数据的及时备份和恢复。

所有实景三维时空数据按照相应规范入“云”之后，将从以下几方面大大提高数据的管理效能。

1. 有效管理海量数据

支持海量数据管理，云中单个数据库可以支持高达256TB的数据容量，一个云存储服务支持16万个数据库，也就是说云存储支持16万个256TB的数据管理。云存储中不区分数据类型，任何类型的数据都可以进入到云中进行集中统一的管理。

2. 为海量数据提供高效检索功能

云存储体系支持流式数据访问，大大地加快了数据的查询、导入、导出的速度。在千兆网内，每秒钟数据传输速率为7M左右，1个小时可以导入或发布24G的数据，如果采用的是光纤网，每秒传输速率可以达到170M左右，每个小时可以导入或发布597G数据。云存储体系在进行数据处理时，软件会将工作量均匀分配到不同存储服务器，避免个别存储服务器工作量过大造成瓶颈，以使存储系统发挥最大效能。

3. 保证数据安全

云存储体系将文件复制并且存在不同的服务器，解决了潜在的硬件损坏难题。在硬件发生损坏时，系统自动将读写指令导向存放在另一台存储服务器上的文件，自动故障切换，防止死机或故障给数据生产带来的问题。

4. 硬件升级要求较低

云存储采取的架构是并行扩容，在容量不够时，只要采购新的存储服务器即可，容量立即增加几乎没有限制。

5. 存储成本低

成本节省比例最高可达到80%。

三　大数据时代下的“采、编、存、发、用”一体化管理

传统地理信息产业活动从GIS平台核心技术研发、GIS数据资源建设，到集成工程应用，再到销售、咨询和信息服务，形成了一整套完整的产业链。实景三维影像地图是在地理信息市场开拓、锤炼后的一个完整的创新服务产品。随着科研成果、配套技术及业务应用的不断成熟，越来越多的企业及用户将目光投向这片领域，经过近十几年的发展，也逐渐形成了一个初具规模的产业链。该产业链的上游为采集设备提供商，包括传感器、电子电气元器件及设备等的提供商；中游为数据生产厂商，提供实景三维影像数据采集与建库服务；下游为数据行业服务及互联网服务，即通过集成开发商或企业级的数据生产商、网络运营商等为城市信息化用户或社会大众提供服务。但是，在产业化的过程中也逐步暴露出以下一些问题。

（1）处于产业链上游的采集设备提供商，通常不具备成熟的数据生产/应用软件，不能从用户角度提供完整的产品解决方案；

（2）处于产业链中游的数据生产厂商，在数据的生产工艺、作业效率、质量保证等关键能力上参差不齐，普遍缺乏海量数据规范化生产、存储及管理能力，没有形成统一的数据规范及服务标准，在日新月异的互联网大数据时代

无法快速服务大众；

（3）处于产业链下游的数据行业服务及互联网服务，也在数据快速部署、快速服务、发布及服务标准体系建设等方面有所欠缺，而云计算等先进技术的迅猛发展，也会对产业链格局产生深远影响，集中体现在建立全、准、快、廉的数据服务体系。

立得空间信息技术股份有限公司（以下简称立得公司）不仅是中国移动测量系统的开拓者，还是实景三维影像地图理念的原创者。经过十几年不懈的努力，公司不仅将实景三维业务领域广泛拓展至电子政务平台、数字城管、公安应急、公路交通、旅游招商乃至互联网大众服务等诸多领域，还基于大数据时代下的影像地图数据特征，将云计算技术引入到实景三维影像地图数据采集、生产与应用诸环节，并创新性地用“采、编、存、发、用”一体化管理理念整合了产业链各个业务环节，创造了国内实景三维地理信息服务的新模式，如图1所示。

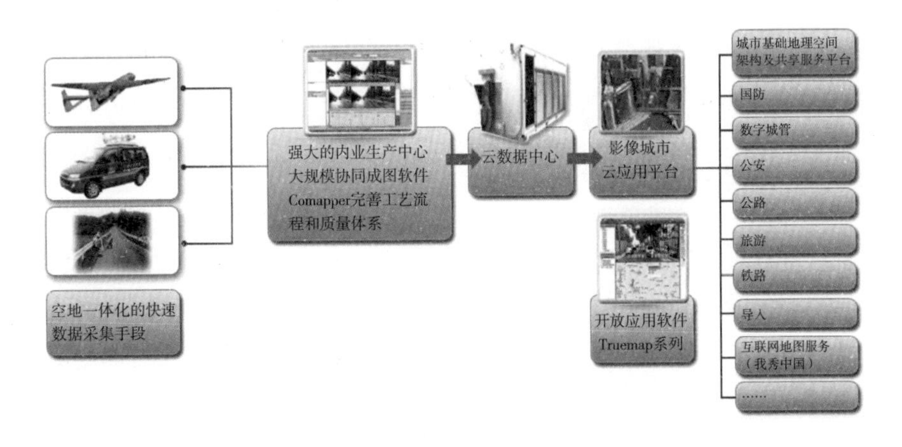

图1 “采、编、存、发、用”一体化产品线

（一）大数据时代下的实景三维影像地图数据采集技术

立得公司实景三维影像地图数据采集设备是在移动测量系统的基础上发展而来的一种移动多传感器系统，通常由载体平台、定位定姿设备以及实景数据采集设备三个部分组成，可实现海、陆、空各个领域的实景三维数据采集，见图2。

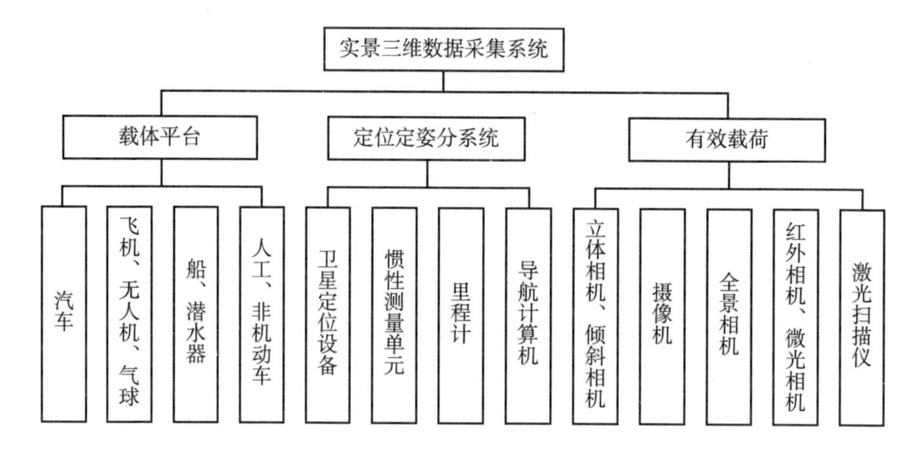

图2　实景三维数据采集系统

其中，载体平台包括海、陆、空三中情况。

陆地载体平台包括汽车、非机动车、人工背负等形式，分别适合城市、道路周边、室内、小路、山路景区等场合的数据采集作业。

空中的载体平台有飞机、无人机、气球、飞艇等。有人机采集作业高度一般在1000～3000米，特殊场合下可以到6000米，设备成本在数百万元到数千万元。无人机作业高度一般为100～1000米，具有较高的地面分辨率，设备成本、作业成本比有人机要低1～2个数量级。由于无人机技术的飞速发展以及其相对于有人机操作简单、成本低廉等特点，现已逐步成为空中实景三维数据采集的主要手段。

海上载体平台包括船以及潜水器，另外通常还包括全景相机、多波束探测仪、激光扫描仪等。

定位定姿分系统是实景三维数据采集、处理的一个核心和关键技术，引入定位定姿设备和技术后，数据具备了可量测特性，使实景影像具备空间参考，从而成为名副其实的实景三维数据。目前定位定姿设备受到海陆空各个领域的应用需求推动，不断朝小型化、高精度、重量轻的方向发展。

有效载荷是实景三维数据的基本来源，包括立体相机、倾斜相机、全景相机、摄像机、红外相机、微光相机、激光扫描仪等。

（二）大数据时代下的实景三维影像地图数据生产技术

1. 多源协同数据生产系统

除了传统测绘的 GPS/IMU 等设备，CCD 相机、激光传感器、Wi Fi 热点采集设备、单反集成相机系统、视频数据采集系统等新型传感器都被应用在采集设备上，因此生产系统面临的输入数据源越来越多样化、数据量越来越大、数据分类越来越细，对生产系统提出了极大的挑战，大数据时代下立得公司多源协同数据生产系统的构建主要从以下几个方面进行。

（1）多源数据的集成融合

多源数据集成融合主要涉及多源数据坐标转换、误差检校、误差补偿、数据关联匹配等处理，进入生产系统后系统可根据需要从融合后的数据中提取需要的各类别地理信息数据要素及其属性。

（2）自动化处理技术的应用

自动化数据处理相关技术一直是行业内研究的热点，立得公司在数据生产环节也研究引入大量自动化的数据处理技术，主要包括影像数据的自动匀光匀色、保密隐私自动检测及模糊化、影像增强等；基于激光点云数据的道路中心线自动提取及拟合、POI 点的自动提取及分类、建筑物面片数据的自动生成；基于摄影测量技术的 POI 与影像自动反投等。这些自动化处理技术的采用极大地提高了数据生产的费效比，降低了移动测量数据成本，对移动测量的应用推广将起到积极推动作用。

（3）多人协同作业模式

该作业模式如图 3 所示，整个作业系统采用 C/S 架构，服务端架设在数据中心，在数据处理、存储上依托数据中心的硬件系统的强大存储能力和运算能力，针对各个客户端的数据上传下载、数据处理等请求动态合理分配计算和存储资源，实现硬件资源的按需使用、实时分配、及时回收。在作业流程上服务系统针对作业进行分区域、分图层下发给各个作业客户端，各个作业客户端完成作业后提交服务系统，系统自动进行数据融合，实现协同作业，用户可以随时提交作业完成后的数据，其他用户则可以随时从服务器请求数据，实现作业数据的快速共享和交换。在数据安全性上通过严格的用户权限管理机制控制各个用户的数据访问、下载、处理及提交权限，确保数据的安全性。

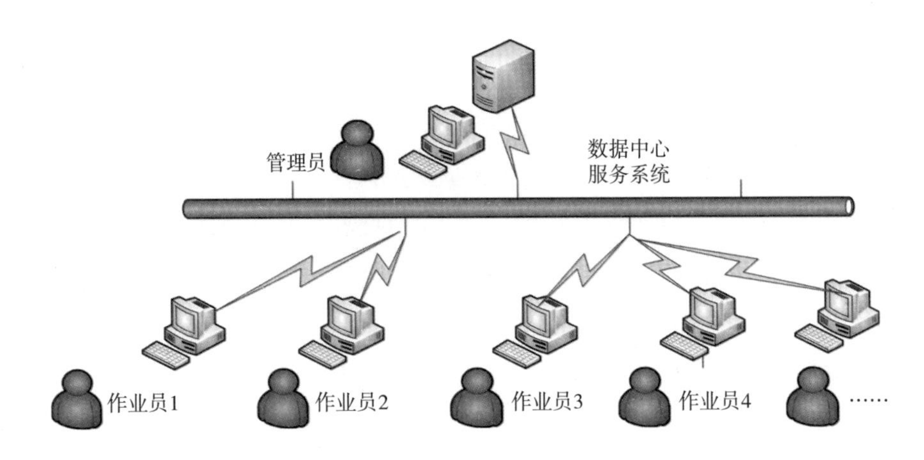

图3　多人协同作业模式

多源协同数据生产系统的最大优势在于它充分利用地理信息数据本身“可按照网格划分区域、可按照要素内容划分图层、可按照数据属性划分工序”的特性，同时利用数据库支持实时追加、删除、查询数据的特性，基于地理信息数据本身的逻辑关系设计了一套高效的后台数据协同融合机制，实现了地理信息数据作业的分布式作业、集中式存储、统一化任务管理的调度机制，可满足上千人同步作业，实现了地理信息数据生产的流水线式作业。

2. 大数据时代的时空信息云数据中心

前文通过分析大数据时代下的实景三维影像地图数据特征，得出实景三维云平台是大数据时代下有效管理、分析及应用实景三维影像地图数据成果的必然趋势。立得公司有基于此，也从原有“服务器＋磁盘阵列”的方式转向云数据中心管理模式，提出了自己的云数据中心解决方案，提供基于云存储技术的多源地理空间数据管理软件，实现海量数据管理、数据查询、数据备份及恢复、数据状态监控、数据报表统计分析、数据挖掘等。

（1）生产云

外业采集入云的数据，即进入生产云的管理。采集到的原始数据全部入云，根据数据类型的不同，数据将被保存到云存储的不同的数据库中，资源数

据采用大文件方式存储，而属性数据采用 Bson（一种类 json 的二进制形式的存储格式）方式存储。

数据入云的流程简示见图 4。

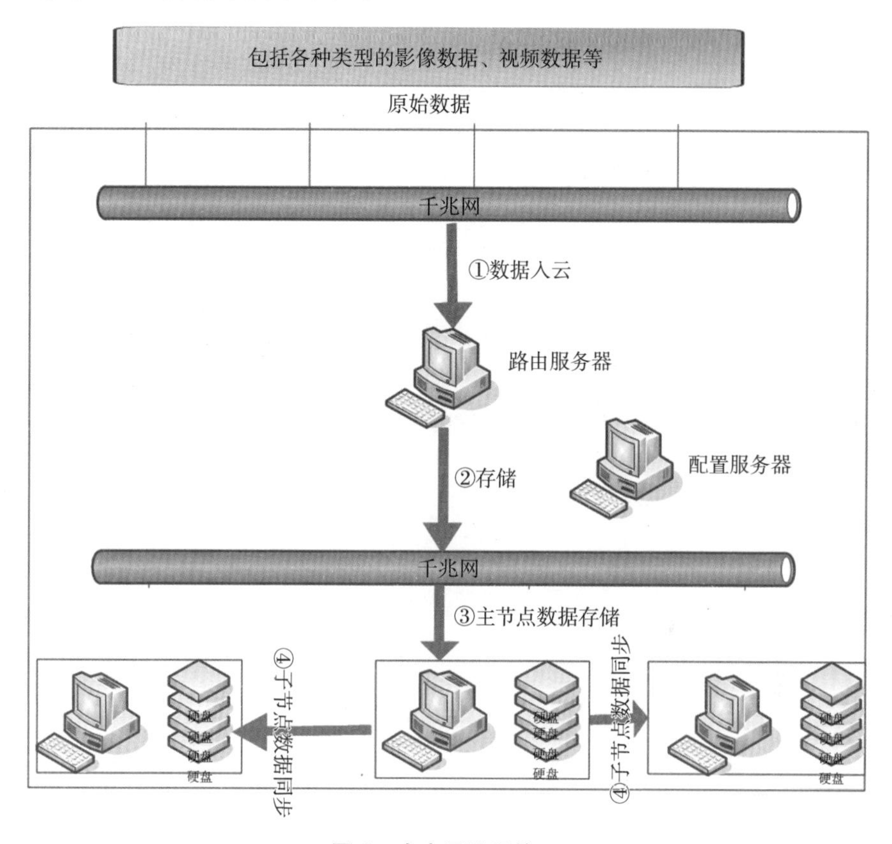

图 4　生产云流程简示

各种数据（含结构化、半结构化、非结构化等类型），由客户端传输到云中。客户端只需要连接到前端路由即可，前端路由服务器将数据存储在主节点上，然后主节点将数据同步到其他节点上。

（2）发布云

客户端生产软件向云中请求需要处理的数据，然后对数据做生产处理（保密、调色、模糊化、拼接、水印、保存），所有处理过程都在云中进行，最后的数据依旧保存在云中。数据处理完成后即为成果数据，以大文件形式存放，方便出库。发布云的流程简示见图 5。

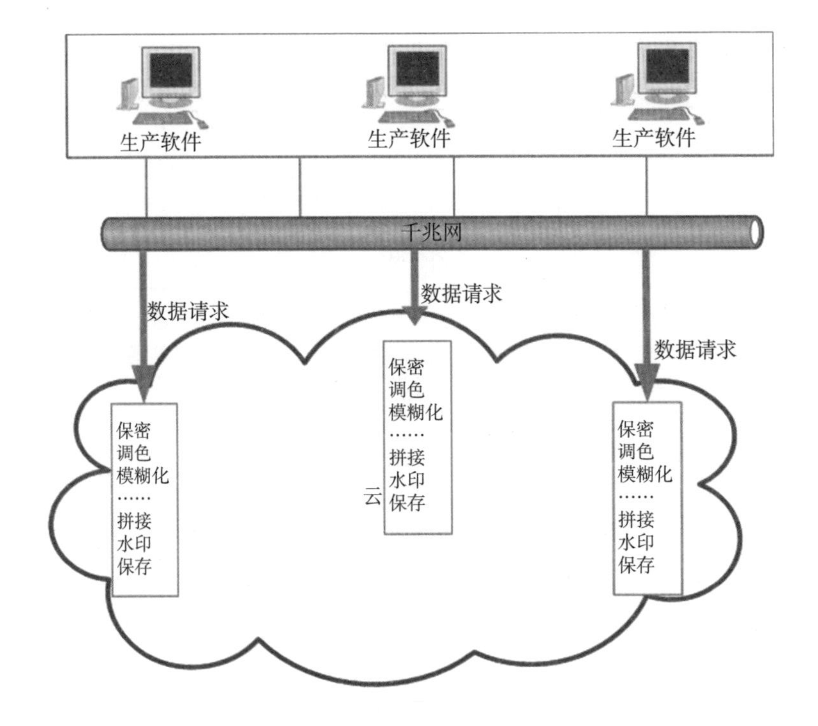

图5　发布云流程简示

（3）云数据中心管理软件（DCMS）

云数据中心管理软件的主要用途是管理影像数据、基于影像数据采集的矢量成果、导航数据、基础底图数据等实景三维影像地图数据成果，其主要功能组成如图6所示。

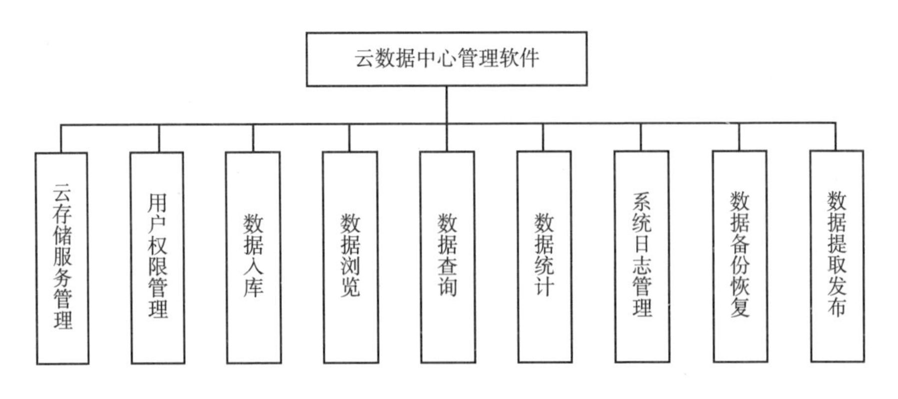

图6　云数据中心管理软件功能组成

（三）大数据时代下的实景三维影像地图数据应用技术

空地一体化的实景三维数据获取、先进的数据生产工艺以及高效的数据处理、存储及管理技术还不能完全体现实景三维影像地图数据的价值，关键环节还在于如何建立全、准、快、廉的数据服务体系，通过发布即时服务技术完成数据的快速部署和智慧服务，从而最终实景三维影像地图数据成果推向行业乃至大众用户。

立得公司通过自身十几年的实践，摸索出一套基于云计算模式的实景三维影像地图大数据服务及应用体系，其架构如图 7 所示。

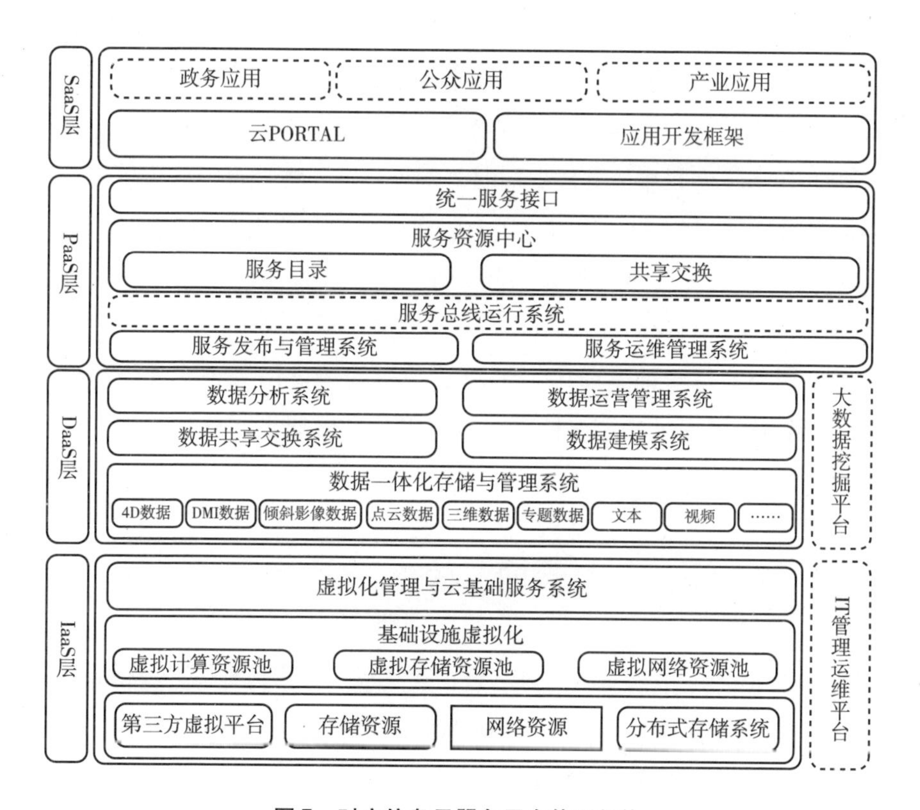

图 7　时空信息云服务平台体系架构

时空信息云服务平台采用云计算模式中典型的四层架构，即 IaaS、DaaS、PaaS 和 SaaS，分别提供硬件基础设施、数据、平台和应用的服务。

IaaS 层：采用虚拟化和物理资源混合管理模式，利用云计算的技术优势，通过设施虚拟化管理平台对存储资源、网络资源、计算资源等多种池化资源进行管理、智能分配、调度和监控，实现池中资源的动态负载均衡。基础设施层通过自主的资源调度管理功能，实现对集群高可用、故障恢复等功能。同时基础设施支撑层通过开放的标准 REST 服务接口实现与外部 IT 管理运维平台的融合，实现符合 ITIL 等 IT 服务管理规范和 IT 运维管理模式。

DaaS 层：实现多源影像地图数据的管理。不同来源的数据依据数据共享交换标准，通过数据共享交换系统进行数据的抽取、转换和加载，完成数据的汇聚整理。数据层为上层的公共服务和共享平台提供数据支撑。

PaaS 层：采用 SOA 架构理念，以企业服务总线为核心，实现服务的插件式统一管理，在数据共享服务、云搜索服务、监控服务等基础云服务之上，管理异构数据服务、安全服务、日志服务、实景导航服务、二维地图、二维导航服务、POI 服务、实景服务、数据挖掘分析等。另外将平台中的服务资源进行封装并对外提供统一的服务接口，供上层应用查询和调用服务资源。

SaaS 层：提供一套统一的云 Portal 和应用开发框架，帮助用户根据各自的需求快速构建定制化的政务应用系统、产业应用系统和公众服务系统。云 Portal 帮助用户通过“即拿即用”的方式快速构建应用系统。既能够实现应用复用，用户也可通过基于多种语言的应用开发框架定制化地开发相应的应用系统。

四　结语

与传统 GIS 产业市场发展趋势一致，在实景三维影像地图产业链条中，数据获取是关键，生产领域是基石，行业应用是其得到市场认可的通道，而大众服务则是我们目标的最后指向。

在产业链的上游，实景三维影像地图将朝室内室外一体化、空地一体化、多传感器一体化等方向发展，数据的获取范围、获取方式和类型将越来越多样化，目前，国家也通过“高分”、“重大仪器”等科技专项来支持相关技术的发展。

同时，数据采集、生产处理及应用的实时化成为市场主要需求，如何快速获取、加工、处理和应用实景三维影像地图数据成为关键，此时“采、编、存、发、用”一体化产品体系将发挥最大作用。

另外，随着云计算技术变得更加成熟，它将更好地融入实景三维影像地图产业中，突破多源数据融合、集成共享服务及平台顶层设计技术瓶颈，形成“云+端”一体化服务能力。今后，智慧城市、物联网等将不再只是概念，而是将迎来巨大的现实发展，实景三维影像地图将与各种移动终端，如手机、相机、探头、监控头、电视机、定位仪等集成应用，将掌上世界转变成为现实，让生活更加精彩。

B.21

创新空间数据管理核心技术保障国家地理信息安全

郭信平 尚 东 陈荣国 谢 炯*

摘 要：

基于Oracle、DB2等国外通用数据库系统外挂“空间数据库引擎”方式管理空间数据，存在着性能瓶颈和信息安全隐患。本文介绍了我国首款高安全级地理空间数据库管理系统BeyonDB的研制背景、关键技术突破和技术优势，分析了GIS平台软件与数据库系统对接的两种不同模式并给出了应用实例。BeyonDB的成功研制，抓住了发展我国地理空间信息软件产业的战略制高点，为实现基于全国产化软件平台的GIS应用奠定了坚实的基础。

关键词：

空间数据库 数据管理 信息安全 BeyonDB

一 战略需求与现状

随着以北斗系统为核心的定位导航授时服务基础设施的加速构建，以天基信息系统为骨干的地球测绘探测系统的不断完善，地理信息资源将极大丰富。信息处理不再仅局限于常规属性数据或矢量数据等的管理，更重

* 郭信平，北京合众思壮科技股份有限公司董事长；尚东，北京合众思壮科技股份有限公司总经理助理，副研究员；陈荣国，北京博阳世通信息技术有限公司总经理，研究员；谢炯，北京博阳世通信息技术有限公司副总经理，副研究员。

要的是综合集成矢量电子地图、海量高分辨率遥感影像、GNSS 导航数据、实景三维影像、物联监控视频等与地理位置相关信息资源，实现大数据量一体化统一管理，并提供高效、安全、稳定和可靠的数据信息服务。要实现上述发展目标，一个核心的问题就是要在突破通用数据库管理系统技术基础上，进一步研制出我国自己的高安全级地理空间数据库管理系统，能够以计算机网络为支撑，综合管理海、陆、空、地上地下各类空间与非空间数据形态，并具备大数据量存储、按密级访问控制、分布式集群数据管理等企业级高级特性。

数据库管理系统是所有信息系统的底层核心，相当于飞机的发动机或者是计算机中的芯片。数据库的核心不具有自主研制和生产能力，那么再完善的信息系统也存在严重的安全隐患。所以，占据我国地理空间信息产业发展的战略制高点，研制自主知识产权的高安全级地理空间数据库系统，并最终形成稳定的产品具有重要战略意义。

目前，Oracle、微软、IBM、Sybase 几家美国数据库厂商在中国数据库市场上占据着 95% 以上的份额，处于绝对垄断地位。由于长期垄断，许多信息系统建设的用户在认知程度、知识结构和使用习惯上几乎完全依附于这些国外产品，不容易接受新的替代品，这反过来促进了垄断趋于极端，并存在国家级的信息安全隐患。受之影响，当前国内 GIS 品牌软件，包括 SuperMap、MapGIS 等，底层也均构筑于 Oracle、DB2 等国外通用关系型数据库管理系统之上，采用外挂“空间数据库引擎”方式实现对空间数据的管理，因此，缺乏空间数据管理的核心技术，难以保障安全、高效系统的建立。要实现 GIS 的跨越式发展，必须从底层自主研制安全可信（高安全 + 高可靠）地理空间数据库管理系统，从根本上改变我国空间数据管理核心技术受制于人的被动局面。

近年来，随着国家对信息安全和国家信息基础设施建设的重视，国产数据库已获得了一定的发展，占据了一席之地，并找到了相关行业立足点。国内数据库厂商主要有达梦公司的 DM 和人大金仓公司的 Kingbase 等。DM 和 Kingbase 发展较早，为通用关系数据库系统。但由于通用关系数据库并非原生支持电子化地图、遥感影像、GNSS 导航数据等地理空间数据的存储和管理，因此，难以较好地应用于测绘与地理信息应用领域。由于我国的空间数据管理核心技术落后，空间数据库管理系统技术基本由外国厂商掌握，严重限制了国产数据库系统的应用推广和普及。随着我国基础测绘、土地利用调查、地理国情普查等工作的相继开展以及行业应用的逐步拓展，国家和军队逐渐积累了大量密级地理空间信息数据，对国产数据库系统提出了一系列的挑战性问题，包括各类空间数据分布式管理、大数据量存储、高可信应用、高安全传输、高效数据处理和访问等。

二　空间数据管理核心技术的突破

北京合众思壮科技股份有限公司及子公司北京博阳世通信息技术有限公司，在国家863重点项目支持下，联合中国科学院地理科学与资源研究所、中国科学院软件研究所、中国人民解放军国防科学技术大学、中国人民解放军总参谋部测绘信息中心的技术力量，为自主研制我国第一个地理空间数据库管理系统进行了开拓性的研究、设计和开发工作。通过历时四年多的集中攻关，突破了规模可伸缩空间数据库模型、高效空间大对象存储管理、多粒度空间安全访问控制等一批空间数据管理核心技术，解决了数据库内核空间类型定义、空间数据存储、空间索引、空间算子、空间事务、空间查询优化六大基础关键技术问题，研制成功了我国首款具有自主知识产权、跨平台、分布式、高安全地理空间数据库管理系统BeyonDB（博阳数据库）。

BeyonDB在国际上首次实现了基于“空间作用域”的数据库安全增强技术体系，建立了空间、关系、安全三核集成式数据库内核体系架构和高可用集群计算服务模式。系统符合SQL92、ISO SQL/MM Spatial和OGC SFSQL 1.2标准体系，采用了多进程与多线程协同式数据库服务器体系结构，能够支持32/64位运算，可以安装和运行于Windows、Linux、UNIX以及国产银河麒麟、红旗等多种操作系统平台。系统已通过空间信息系统软件测评中心评测，并获得公安部国标第四级安全体系认证，系统安全性达到国内商用最高级别。图1为BeyonDB 2013版本界面。

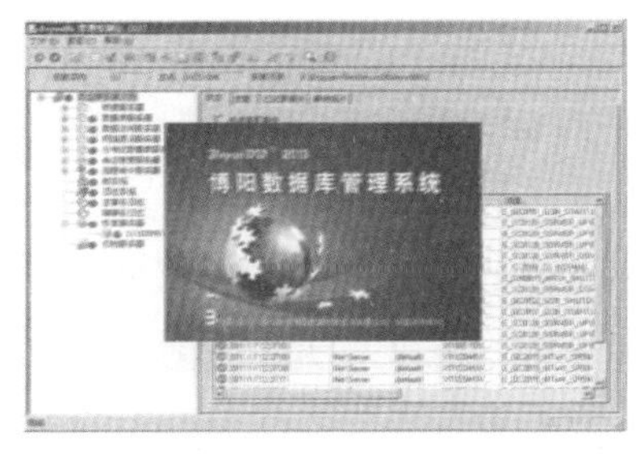

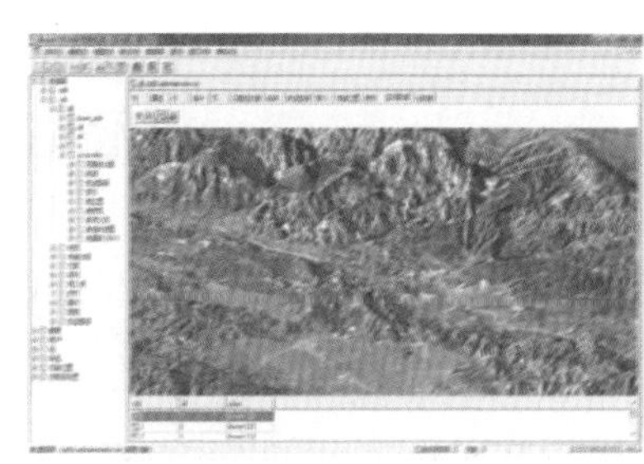

图 1　博阳数据库管理系统 BeyonDB 2013 版本界面

在系统设计与开发实现上，地理空间数据库系统一方面需要继承传统通用关系型数据库的功能和设计理念，做到前向兼容，能够管理传统关系型数据，同时，需要针对空间非结构化数据类型建立新的数据库内核体系。与国内外通用数据库系统软件平台不同，BeyonDB 既涵盖传统通用关系数据库几乎所有功能（因此能直接替代已有通用数据库产品），并兼容通用数据库标准化访问接口，同时从物理存储、GeoSQL 解析/规划/优化/执行到空间长事务处理各个层面，进行了专门的内核系统设计和结构与处理算法的实现。与通用数据库相比，其优势主要体现在以下方面。

第一，声、像、图、文一体化。支持在统一的数据库平台下，管理常规通用数据以及 4D 空间数据产品 DLG/DRG/DOM/DEM、地名地址、LBS 轨迹、三维模型、街景影像、视频/音频等各类时空多媒体数据。

第二，对综合空间检索进行了大量性能优化。通过在数据库内核建立专门的跨结构化数据检索引擎，使以文查图、以图查文、像图互查等综合数据检索性能得到很大提高。

第三，能够兼容文件型数据管理。通过替换传统关系数据库的存储引擎，能够直接通过数据库管理大规模遥感影像、音视频监控等文件型数据，即不再需要将文件费时费力导入数据库表格，数据库内核直接支持对文件内容的检索。

第四，掌握空间数据高安全管理核心技术。在国四级通用高安全功能基础上，建立了“图层 - 区域 - 要素”多粒度空间安全访问控制技术体系，直接在数据库内核层次，建立针对地理信息的高安全访问控制。

三 应用模式与应用案例

地理空间数据库管理系统作为一种新型的行业专用数据库系统，需要和行业基础平台软件对接，形成一体化解决方案。在传统 GIS 平台软件架构体系中，数据库系统只做存储，而由 GIS 平台做空间引擎、空间分析以及前端展现。在这种模式下，数据库系统只起到数据仓库的作用，可称之为 DB as Store。随着地理空间数据库系统的出现，数据库内核能直接支持空间索引、空间查询以及空间分析，检索查询方便，性能优越。因此，GIS 平台软件将通过与地理空间数据库系统的对接，直接从数据库拿查询检索的结果，从而避免了不必要的数据 IO 以及中间引擎的计算。在这种新型架构模式下，数据库将真正成为一种提供索引、分析的工具，可称之为 DB as Tool。

BeyonDB 数据库已在 DB as Tool 模式下进行了初步尝试，实现了和 Suppermap GIS（超图）、MapGIS（中地数码）、NewMap（新图）等多种国产 GIS 基础平台软件的对接，形成了国产“数据库 - GIS”一体化解决方案。因系统设计具有国际标准化的 GeoSQL 访问接口和 C、C + + 、JDBC、ODBC 等通用标准编程访问接口。因此，系统既具备行业通用性，可应用于传统数据库应用的各大领域，同时又在测绘、导航、GIS、遥感、视频监控等专业应用领域具有独特优势和竞争力。BeyonDB 系统已在测绘地理信息、智慧城市建设、公共安全与应急救援、空间位置服务等多个领域建立了若干重大行业应用示范，未来地理国情普查数据库建立的技术测试也获得具有实际管理与可操作海量多元空间信息与数据（8TB 级）的好评。

已建成国家级基础空间数据管理与应用为导向的地理空间数据库重大行业运行系统，采用了“MapGIS + BeyonDB”的全国产化应用解决方案，完成全部数据从“国外数据库”迁移到 BeyonDB，涵盖全国 DLG/DRG/DOM/DEM 各类测绘成果，数据总量达到 3TB，并已稳定上线运行多年。图 2（a）为该系统所采用的主从式多级分布式体系架构，图 2（b）为系统界面。

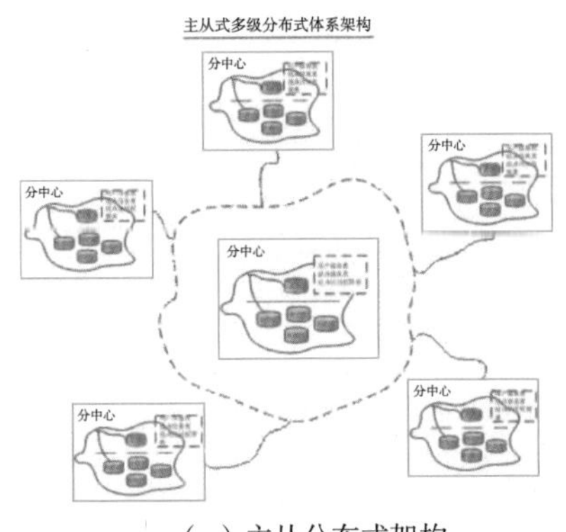

（a）主从分布式架构

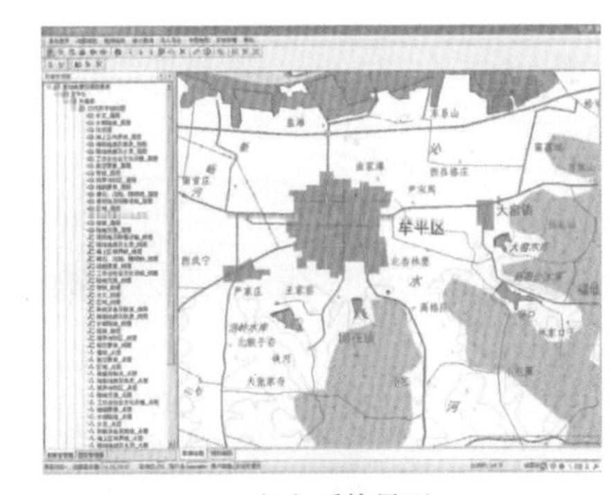

（b）系统界面

图 2　基于 BeyonDB 的国家级基础空间数据管理系统

已建立首都 119 综合应急救援地理信息数据平台核心业务应用，集成整合管理北京市公安局、消防局十大业务系统数据，覆盖声、像、图、文各类信息，实现了以地理信息为基础框架的消防综合应急救援数据管理“一个平台、一套数据、一体化检索”（如图 3 所示），为提升北京消防综合应急救援响应速度和准确处置能力提供了技术保障。

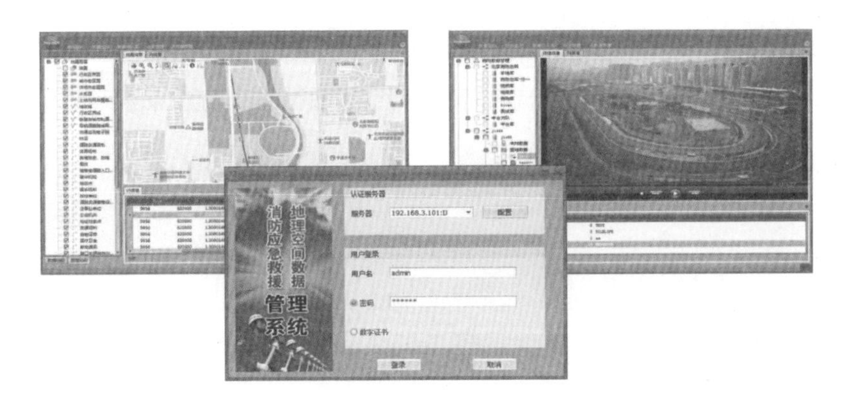

图 3　基于 BeyonDB 的首都 119 综合应急救援地理信息数据平台

已开展面向北京、上海等特大城市的智能位置服务平台建设，底层基于 BeyonDB 分布式集群系统建立多源多尺度地理信息资源库，实现室内外位置信息统一管理、服务发布和应用。图 4 为基于该平台已开展的商业信息推送应用。平台目前管理数据总量8TB，后续拟面向国内外开展物流、智能交通等重点行业的应用示范。

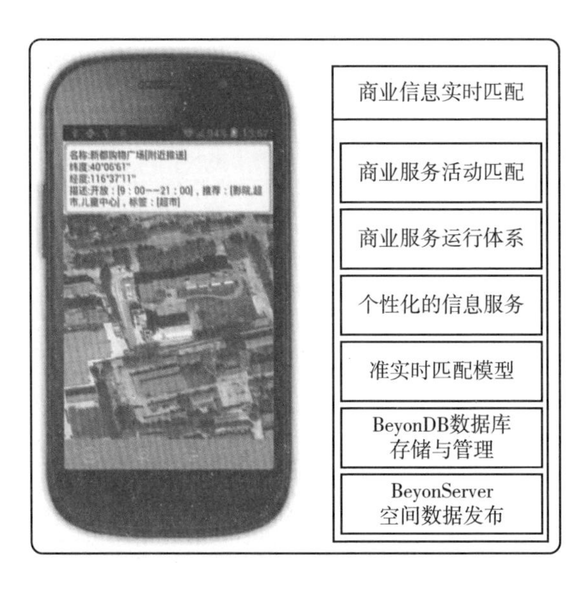

图4　智能位置服务平台的商业应用

已开展与数字福建、数字浦口、智慧永川、智慧九寨等区域级空间信息服务平台的对接，建立了政务、旅游、渔业为代表的系列典型应用示范（见图5），为智慧城市建设提供稳定、高效的空间数据管理与服务。

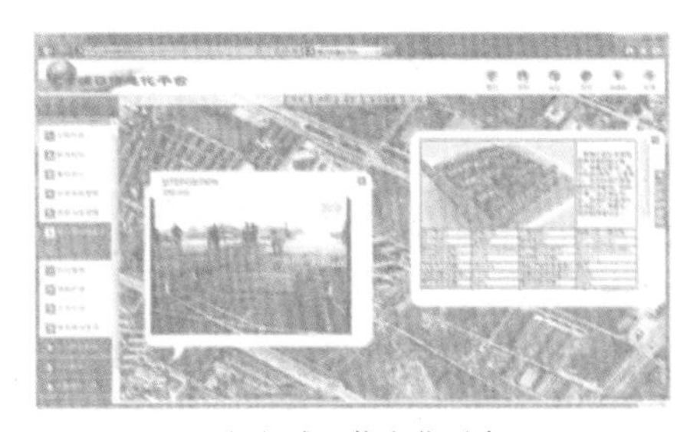

（a）浦口信息化平台

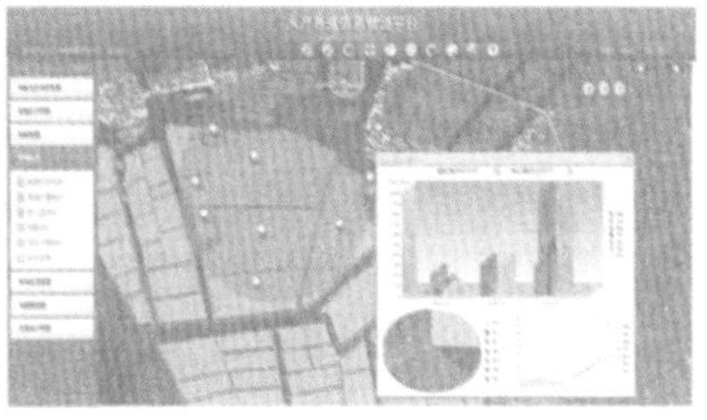

（b）水产养殖信息管理平台

图5　基于BeyonDB的智慧城市应用

BeyonDB的成功研制与实际应用，符合2014年2月27日中央网络安全与信息化领导小组成立后关于加强信息安全保障工作的要求，占据了发展我国地

理空间信息软件产业的战略制高点，打通了专业化地理空间数据管理和通用关系数据管理的技术屏障，使我国的地理空间信息软件底层不再完全依赖国外通用关系型数据库，为从根本上改变我国空间数据管理核心技术受制于人的被动局面迈出了一大步，为实现基于全国产化软件平台的 GIS 应用奠定了坚实的基础，可以为测绘地理信息系统的海量多元空间信息与数据的管理提供必要的基础技术支持。

法律声明